农家书屋 促振兴丛书

U0238569

果蔬茶

全程管理技术

农业农村部农药检定所 ◎ 编著

GUO SHU CHA QUANCHENG GUANLI JISHU

中国农业出版社

北 京

图书在版编目（CIP）数据

果蔬茶全程管理技术/ 农业农村部农药检定所编著.
—北京：中国农业出版社，2019.1（2019.11重印）
ISBN 978-7-109-25109-0

Ⅰ．①果… Ⅱ．①农… Ⅲ．①果树－病虫害防治②蔬菜－病虫害防治③茶树－病虫害防治 Ⅳ.①S436.6
②S436.3③S435.711

中国版本图书馆CIP数据核字（2019）第000631号

中国农业出版社出版
（北京市朝阳区麦子店街18号楼）
（邮政编码 100125）
责任编辑 张德君 李 晶 司雪飞
————————
北京通州皇家印刷厂印刷 新华书店北京发行所发行
2019年1月第1版 2019年11月北京第6次印刷
————————
开本：720mm×960mm 1/32 印张：2.75 插页：16
字数：90千字
定价：20.00元
（凡本版图书出现印刷、装订错误，请向出版社发行部调换）

编辑委员会

内容提要

　　本书介绍主要果树、蔬菜和茶树从种到收全程管理技术。对作物品种选择、整土、播种、育苗、移栽、施肥、灌溉、中耕除草、病虫害防治等全生育期的关键种植技术进行全面阐述。特别针对作物各生育期病虫害发生特点，提出防治方案。同时对如何选择果蔬茶农药和果蔬茶农药使用技术要点进行简要介绍。附有果蔬茶病虫害彩色图鉴。

CONTENTS 目 录

第一部分　果树全程管理技术

🌱 苹　果

一、作物简介

苹果树属温带果树，它的果实富含矿物质和维生素。苹果是人们最常食用的水果之一。苹果树喜低温干燥，适宜的温度范围是年平均气温9 ~ 14℃，冬季极端低温不低于 − 12℃，夏季最高月均温不高于20℃；生长季节（4 ~ 10月）平均气温12 ~ 18℃，冬季需7.2℃以下低温1 200 ~ 1 500小时，苹果树才能顺利通过自然休眠。一般认为，年平均气温在7.5 ~ 14℃的地区，都可以栽培苹果树。

二、种植管理

1. **品种选择**　适合北方种植的苹果树品种有红富士、红星、乔纳森等。

2. **种植**　目前，在生产中苹果树主要有以下栽植模式：株行距按照2米 × 4米左右，栽植密度为83株/亩*左右，采用自由纺锤形整枝；株行距按照1.5米 × 3.5米左右，栽植密度为127株/亩左右，采用一边倒的树形整枝；山地种植株行距按照3米 × 4米左右，栽植密度55株/亩左右，采用小冠疏层形整枝。

三、生育期管理

1. **休眠期**（1 ~ 2月）　幼树按纺锤形整形；成龄乔化树按开

---

*　亩为非法定计量单位，15亩=1公顷。

心形整形。剪除病虫枝；清理残枝落叶、僵果、杂草，刮除粗老翘皮、腐烂病疤，集中烧毁或深埋；落叶后，使用寡雄腐霉菌或石硫合剂喷施或涂抹整株树干。萌芽前，再次使用石硫合剂喷施整株树干，降低红蜘蛛和蚜虫的发生。

2.**萌芽期**（3月中下旬） 每亩施尿素15～20千克或者高氮复合肥15～20千克，施后及时浇水，旱地进行穴贮肥水，施于树冠底下为宜。每亩挂黄、蓝板40张。

3.**花期**（4月） 蜜蜂授粉、合理疏花。注意预防倒春寒。

4.**幼果期**（5～6月） 花后30天内完成定果，每亩留果量不超过12 000个；花后45天套袋，套前喷1～2次钙肥；此期为苹果树需水临界期，应及时灌水。

该时期一般使用代森锰锌或代森联防治斑点落叶病、轮纹斑点病；使用甲维盐或氯虫苯甲酰胺防治钻心虫，大面积种植的果园，可使用昆虫信息素诱杀钻心虫。

5.**果实膨大期**（7月） 追肥以高钾肥为主。每株追施硫酸钾0.25～1千克；生草果园，草生长至20厘米以上时及时切割，覆盖树盘；清耕园要适当浅耕；拉枝改善光照，控制枝势，喷施2～3次磷酸二氢钾500～800倍液促进花芽分化。幼旺树当年抽生的新梢长至60厘米以上时，应及时拉枝，及时疏出竞争枝、遮光枝、多头枝、病虫枝。

该时期一般使用代森锰锌、代森联防治斑点落叶病、轮纹斑点病，使用寡雄腐霉菌、苯醚甲环唑防治褐斑病、白粉病；使用甲维盐或氯虫苯甲酰胺防治钻心虫，大面积种植的果园，可使用昆虫信息素诱杀钻心虫；使用高效氯氰菊酯、矿物油、螺螨酯防治叶螨和介壳虫。

6.**转色期**（8～9月） 套袋园在9月下旬开始摘除外袋；阴天或早晚除袋较好，日光强烈时切勿除袋；晚熟品种采前15～20天摘除果实周围遮光的叶子，并通过转果、地面铺设反光膜以促进果实着色。该时期一般使用矿物油、螺螨酯防治介壳虫。

7.**成熟期**（9～10月） 分期分批采收，采后果实及时散失田间热量，最好24小时内进入贮藏室；采果后，每亩施有机肥100千克、复合肥50千克、磷酸二铵50千克等。

四、清园

落叶期（11～12月），未施基肥的果园要及时施肥；清除园内枯枝、落叶、病叶果，刮除老翘皮，集中烧毁；清园涂白；按树形标准，进行规范化整形修剪；封冻前灌一次透水。

五、病虫害防治一览表

苹果树全生育期病虫害防治技术见表1，施药量以产品标签和说明书为准。

表1　苹果树全生育期病虫害防治技术

防治对象	防治时期	具体措施
腐烂病	休眠期、萌芽期	推荐使用寡雄腐霉菌或石硫合剂（涂抹或喷干）
斑点落叶病、褐斑病	幼果期、果实膨大期	推荐使用代森锰锌或苯醚甲环唑叶面喷施
轮纹病、炭疽病	幼果期、果实膨大期	推荐使用咪鲜胺或嘧菌酯叶面喷施
红蜘蛛	幼果期、果实膨大期	推荐使用丁氟螨酯或螺螨酯叶面喷施
介壳虫	果实膨大期、转色期	推荐使用矿物油或螺虫乙酯叶面喷施

🌿　葡　萄

一、作物简介

葡萄的种植效益较为可观，是见效最快的果树之一，具有高产、稳产优势。在正常管理条件下，一般无大小年现象，产量相当稳定。葡萄生育期一般在150～160天（育苗需30～40天），葡萄的寿命和经济栽培年限一般可达30～50年。在我国，葡萄种植区域主要分布在北纬30°～43°、海拔400～600米。葡萄喜光、喜暖温，对土壤的适应性较强。

二、种植管理

1.品种选择　目前国内主栽品种有巨峰、红双味、黄提、玫瑰香、巨玫瑰、茉莉香等。

2.栽植　长势中庸的品种宜采用双十字、V形架，行距2.5米，株距1.2～1.5米，每亩栽170～250株。

长势旺盛的品种宜采用棚架，行距3米，株距1～1.5米，每亩栽150～220株。

三、生育期管理

1.萌芽期（3月左右）　田园清洁，彻底清剪落枝、枯枝，清除落叶、病蔓、病残果粒，剥除老皮，深埋或烧毁，减少病源和虫源，并用石硫合剂对田园进行一次全面的防护。

浇灌催芽水，施催芽肥，补充微量元素钙和硼。以氮肥为主，用量为全年需氮总量的30%，每亩施尿素15千克、硼锌肥150克，可在树盘下穴施。

2.开花结果期（5～6月）　从始花期到终花期结束称为开花期。

该时期主要是控水、中耕除草、摘心和去除副梢，疏去不能正常发育的小果，保证果穗的整齐美观。根据实际可适时选择赤霉酸进行疏果，应选择在花絮达到7～15厘米时使用，并严格按照说明书用量使用。

果期追肥，每亩沟施或穴施复合肥40千克、尿素15千克。施后选择晴好天气浇一次水。

该时期一般使用寡雄腐霉菌或苯醚甲环唑防治灰霉病、白粉病、炭疽病；使用烯酰吗啉或精甲霜·锰锌防治霜霉病；使用联苯肼酯或螺螨酯防治红蜘蛛。

3. 浆果生长期（7 ~ 8月）　从子房开始膨大到浆果着色前为浆果生长期。花后2 ~ 4周进行疏粒，疏掉果穗中的畸形果、小果、病虫果以及比较密集的果粒，第一次疏果在果粒绿豆粒大小时进行，第二次在果粒黄豆粒至玉米粒大小时进行。此时期，每隔10 ~ 15天需喷施葡萄专用叶面肥一次，并依土壤情况，每亩追施尿素15 ~ 20千克、复合肥15 ~ 20千克，施后浇水。此时可根据实际情况选择果穗套袋。

该时期一般使用氟啶虫胺腈或啶虫脒防治蚜虫；使用联苯肼酯或螺螨酯防治红蜘蛛；使用苯醚甲环唑或醚菌酯防治白粉病、炭疽病；使用烯酰吗啉或精甲霜·锰锌防治霜霉病；使用寡雄腐霉菌防治灰霉病。

4. 浆果成熟期（8 ~ 9月）　从果实变软开始到果实完全成熟称为浆果成熟期。

此时浆果体积不再明显增大，主要是营养物质的累积转化，果实着色变软、酸度减少、糖分增加。此期浆果大量积累糖分，新梢逐渐木质化，花芽继续分化，根部开始贮藏养分。此时，应注意增施肥料，一般亩产1.5吨葡萄应追施复合肥100千克，同时浇一次水，最好采取膜下滴灌或微灌方式进行灌溉，并采取根系分区交替的灌溉方式。

该时期一般使用嘧菌酯或硝苯菌酯防治白粉病；使用乙螨唑或阿维菌素防治红蜘蛛；使用寡雄腐霉菌防治灰霉病。

四、清园

剥除老翘皮，剪除病残枝，完成树体复剪，将枯枝落叶等集中带出园地，进行烧毁或深埋；整理架面，人工抹除树体、立柱等上的虫卵；涂刷石硫合剂，喷施广谱性杀菌杀虫剂，清理病菌及虫卵，北方地区还需将枝条深埋越冬。

五、病虫害防治一览表

葡萄树全生育期病虫害防治技术见表2，施药量以产品标签和说明书为准。

表2　葡萄树全生育期病虫害防治技术

防治对象	防治时期	具体措施
白粉病、灰霉病、黑痘病、炭疽病	萌芽期、浆果成熟期	推荐使用寡雄腐霉菌或嘧菌酯、代森锰锌叶面喷施
霜霉病	开花结果期、浆果成熟期	推荐使用烯酰吗啉或精甲霜·锰锌叶面喷施
红蜘蛛	萌芽期、浆果成熟期	推荐使用联苯肼酯或螺螨酯叶面喷施
蚜虫	开花结果期、浆果生长期	推荐使用氟啶虫胺腈或啶虫脒叶面喷施
介壳虫	浆果生长期、浆果成熟期	推荐使用矿物油叶面喷施

🌱 香　蕉

一、作物简介

香蕉属热带植物，生长最适温度为24～32℃，年平均气温21℃以上，怕低温、忌霜雪。香蕉喜湿热气候，在土层深、土质疏松、排水良好的地里生长旺盛。主要分布在东、西、南半球南北纬度30°以内的热带、亚热带地区。在我国，香蕉主要分布在海南、广东、广西、福建、云南等地。

二、种植管理

1. 品种选择　适宜种植的品种有千粉蕉、层蕉、千层蕉、仙人蕉等。

2. 种植　香蕉种植的最佳时间为春植，结合香蕉基地土壤情况，采用沟植和坑塘种植。

水田采用沟植，要求对土壤进行深耕后起畦，一畦二行，每畦间沟深0.5米、宽0.3米、畦长100米，设二级排水沟，以利于旱季灌水、雨季排水。定植规格按1.7米×2.2米的宽窄行，每亩种植176株。

旱地采用坑塘种植法，定植规格按1.7米×2.6米的宽窄行，每亩栽150株左右。

香蕉定植后20天左右，幼苗抽生1～2片新叶，新根开始生长时追肥。第一次追肥，应在距离香蕉假茎30～40厘米处挖弧形沟，每株追施复合肥0.2～0.3千克，施入弧形沟内，然后覆土浇足水；也可对水冲施。以后每隔10～20天追肥一次，每株每次施复合肥0.2～0.25千克。

三、生育期管理

1. 营养生长期（移栽后的前6个月）　此阶段施肥一次，施肥量为总施肥量的30%左右，主要作用为缓苗、提苗和促进香蕉根、茎、叶快速生长，尽早形成强大树干。每亩施尿素35～75千克、复合肥25～100千克、钾肥50千克，可适量增施有机肥，施肥后淋水。此期蕉园管理可结合中耕除草，及时培土，防止露根、倒伏。

该时期一般使用苯醚甲环唑或氟硅唑防治叶斑病或黑星病；使用代森锰锌或咪鲜胺防治炭疽病；使用寡雄腐霉菌防治枯萎病；使用联苯肼酯或噻螨酮防治红蜘蛛；使用乙基多杀菌素防治蓟马等。

2. 孕蕾期　该时期植株生长最为旺盛，其假茎迅速长高、增粗。肥料种类以复合肥为主，配合钾肥、有机肥。每10天施一次，每次株施复合肥200～250克、钾肥150克。施肥期间，因根群布满全园，不宜沟施，最好清沟泥覆盖畦面。做好除芽、留芽、蕉园清园、防倒和护苗过冬工作。

该时期一般使用苯醚甲环唑或氟硅唑防治叶斑病或黑星病；使用代森锰锌或咪鲜胺防治炭疽病；使用寡雄腐霉菌防治枯萎病；使用联苯肼酯或噻螨酮防治红蜘蛛；使用乙基多杀菌素防治蓟马等。

3.果实生长发育期 及时保叶、壮果。每亩追施复合肥50～100千克、钾肥35～50千克。除日常追肥外，还需结合中耕培土再施两次肥，第一次施肥在挂果后，每株施磷肥、钾肥各0.3千克，灰粪3千克；第二次施肥在挂果一个月后进行，每株施灰粪5千克、复合肥0.5千克。

蕉园喷施壮果叶面肥，禁施纯氮化肥，及时校蕾、断蕾、套果。

该时期一般使用苯醚甲环唑或嘧菌酯防治叶斑病或黑星病；使用代森锰锌或多抗霉素防治炭疽病；使用寡雄腐霉菌防治枯萎病；使用联苯肼酯或噻螨酮防治红蜘蛛；使用乙基多杀菌素防治蓟马等。

四、清园

拣拾田间杂物，清除病源物，剪除病虫枝叶，割母株叶片，清除田间的杂草，确保田间清洁。施过冬肥，喷施保护性杀虫杀菌剂一次，控制蕉园中的病虫源。

五、病虫害防治一览表

香蕉全生育期病虫害防治技术见表3，施药量以产品标签和说明书为准。

表3 香蕉全生育期病虫害防治技术

防治对象	防治时期	具体措施
叶斑病、黑星病	营养生长期、孕蕾期、果实生长发育期	推荐使用苯醚甲环唑或氟硅唑、嘧菌酯叶面喷施

（续）

防治对象	防治时期	具体措施
炭疽病	营养生长期、孕蕾期、果实生长发育期	推荐使用代森锰锌或中生菌素、多抗霉素叶面喷施
枯萎病	营养生长期、孕蕾期、果实生长发育期	推荐使用寡雄腐霉菌灌根
红蜘蛛	营养生长期、孕蕾期、果实生长发育期	推荐使用联苯肼酯或噻螨酮叶面喷施
蓟马	营养生长期、孕蕾期、果实生长发育期	推荐使用乙基多杀菌素叶面喷施

🌱 桃 树

一、作物简介

桃树为喜光作物，光照不足会导致枝梢延长，花芽分化少、质量差，易落花落果。桃树喜肥沃且通透性好、呈中性的沙壤土。桃对温度的适应范围较宽，在年平均温度 8 ~ 17℃时均可栽培，适宜的生长温度为 18 ~ 23℃，成熟期的适宜温度为 25℃左右。桃树在栽培上有早结果、早丰产、早收益、易栽培的特点，因此分布较广，在我国大部分地区均有栽培种植。

二、种植管理

1.品种选择 目前种植品种有毛桃、油桃、蟠桃、水蜜桃等。

2.种植 栽植株行距为4米×5米或3米×4米，每亩栽35 ~ 60株。栽植时期从落叶后至萌芽前均可。桃园不可连作，否则幼树长势明显衰弱、叶片失绿、新根变褐且多分叉、枝干流胶。这种忌连作现象在沙质土或肥力低的土壤上表现更为严重。

定植后，一般幼树每株施圈肥10～15千克、尿素0.1～0.2千克、过磷酸钙1千克，浇透定植水。

三、生育期管理

1.休眠期（12月上旬至翌年3月上旬） 剪除树上溃疡枝、病枝、僵果，清除地面枯枝、落叶、杂草等；如秋季没来得及施基肥，应在早春补施。萌芽前，2～6年生树每株追施尿素0.15～0.25千克，6～10年生树每株追施尿素0.25～0.5千克。

该时期一般使用寡雄腐霉菌或石硫合剂喷施或涂抹整株树干，防护溃疡病。

2.萌芽至开花期（3月中旬至4月上旬） 此时期应及时补充硼、钙肥，保花保果。

该时期一般使用多黏类芽孢杆菌、中生菌素或噻菌铜防治流胶病；使用咪鲜胺防治炭疽病；使用矿物油防治介壳虫；使用啶虫脒防治蚜虫。

3.新梢生长期（4月中旬至5月上旬） 及时摘除被害新梢，集中烧毁，消灭梨小食心虫幼虫。谢花后每隔10～15天喷一次氨基酸微肥500倍液加磷酸二氢钾300倍液，连喷3～4次，可减轻桃尤其是晚熟桃裂果，并可增产。

4.幼果及果实膨大期（5月中旬至6月上旬） 每株追施磷酸钙和硫酸钾各0.25～0.5千克，可以沟施或环状施，深度25厘米，应结合灌水进行。此时期可根据实际情况选择果实套袋。

该时期一般使用多黏类芽孢杆菌、铜基杀菌剂防治流胶病；使用联苯肼酯或噻螨酮防治红蜘蛛；使用甲维盐、氯虫苯甲酰胺防治桃小食心虫；使用氟啶虫胺腈防治蚜虫。

5.成熟期（6月中旬至10月） 6月中旬喷一次0.3%～0.5%的尿素水溶液。7月以后严禁追施速效氮肥，但可以追施速效磷肥和钾肥，每株追过磷酸钙和硫酸钾各0.25～0.5千克。也可以每隔15～20天叶面喷一次0.2%～0.3%的磷酸二氢钾，喷4～5次，采前20天停止。

该时期一般使用多黏类芽孢杆菌、铜基杀菌剂防治流胶病；使用联苯肼酯或噻螨酮防治红蜘蛛；使用甲维盐、氯虫苯甲酰胺防治桃小食心虫；使用氟啶虫胺腈防治蚜虫。

四、清园

将病株残体集中，选择平整向阳的地方用废旧棚膜覆盖，周围用土压实，进行高温堆沤杀灭残存病虫，并对果树喷施石硫合剂或寡雄腐霉菌消毒杀菌处理。

五、病虫害防治一览表

桃树全生育期病虫害防治技术见表4，施药量以产品标签和说明书为准。

表4 桃树全生育期病虫害防治技术

防治对象	防治时期	具体措施
溃疡病	休眠期	推荐使用寡雄腐霉菌或石硫合剂涂抹整株树干
炭疽病	萌芽至开花期	推荐使用咪鲜胺叶面喷施
流胶病	萌芽至开花期、幼果及果实膨大期、成熟期	推荐使用多黏类芽孢杆菌、中生菌素、噻菌铜或铜基杀菌剂叶面喷施
红蜘蛛	幼果及果实膨大期、成熟期	推荐使用联苯肼酯或噻螨酮叶面喷施
蚜虫	萌芽至开花期、幼果及果实膨大期、成熟期	推荐使用氟啶虫胺腈叶面喷施
桃小食心虫	幼果及果实膨大期、成熟期	推荐使用甲维盐或氯虫苯甲酰胺叶面喷施
介壳虫	萌芽至开花期	推荐使用矿物油叶面喷施

🌱 柑 橘

一、作物简介

柑橘喜温暖湿润气候，耐寒性比柚、酸橙、甜橙稍强。花期 4～5 月，果期 10～12 月，主要分布在北纬 16°～37°，是热带、亚热带常绿果树（除枳以外）。在我国，柑橘主产地有浙江、福建、湖南、四川、广西、云南、江西等。

二、种植管理

1. 品种选择 主要种植品种有砂糖橘、蜜橘、脐橙、柑橘、四季橘、甜橙等。

2. 种植 定植前，应深翻扩穴、熟化土壤，禁止在园内种植玉米、小麦等高秆植物，做好果园合理间作和中耕除草等工作。柑橘常见栽培间距为 4 米×6 米，种植密度通常每亩 27 株左右。定植前一个月，每穴施腐熟猪牛粪 25～50 千克或油饼 2～5 千克，过磷酸钙 2 千克。

三、生育期管理

1. 花芽分化期 为促进花芽分化，打下营养基础，冬肥应以有机肥（饼肥）为主，在采果前后施全年总肥量的 50%。每株施尿素 0.3～0.5 千克，磷、钾肥各 0.5 千克，人畜粪 30～50 千克。

该时期一般使用中生菌素或枯草芽孢杆菌防治溃疡病；使用咪鲜胺防治炭疽病；使用丁氟螨酯防治锈壁虱；使用矿物油防治介壳虫；使用啶虫脒或氟啶虫胺腈防治蚜虫。

2. 萌芽期 剪除病虫枝叶，促进春梢抽生健壮、花器发育充实。每株大树应施腐熟的有机肥 25 千克或尿素 0.5 千克，可分 2 次施，第一次在春梢萌动时施；第二次等花蕾鱼子大时，根据树势生长而定，旺者少施，衰弱树多施催花。

该时期一般使用丁氟螨酯或联苯肼酯防治红蜘蛛；使用甲基硫菌灵或代森锰锌防治疮痂病；使用氢氧化铜或中生菌素防治溃疡病；使用啶虫脒或氟啶虫胺腈防治蚜虫。

3. 坐果期 追施稳果肥，提高坐果率，减少生理落果，每株树施入有机肥10千克或饼肥3～4千克。

该时期一般使用矿物油防治介壳虫；使用丁氟螨酯防治红蜘蛛；使用啶虫脒或氟啶虫胺腈防治蚜虫；使用苯醚甲环唑防治炭疽病；使用氟硅唑防治褐腐病。该时期是黄龙病症状显现期，一旦发现，及时挖出零星病树并烧毁。

4. 壮果期 注意防旱保湿，灌溉、松土。每株施有机肥4～5千克，磷、钾肥各1～1.5千克，结合抗旱灌水，增施一些稀薄的人畜（沼渣）肥。晚秋可喷施磷酸二氢钾，以促进秋梢枝叶健壮，增强抗寒力。

该时期一般使用乙螨唑或阿维菌素防治锈壁虱、红蜘蛛；使用杀虫单防治斑潜蝇；使用氟啶虫胺腈或烯啶虫胺防治粉虱、蚜虫；使用啶酰菌胺或腐霉利防治褐腐病。

四、清园

将病株残体集中到果园外，选择平整向阳的地方用废旧棚膜覆盖，周围用土压实，进行高温堆沤杀灭残存病虫等，并对果树喷施石硫合剂消毒杀菌处理。

五、病虫害防治一览表

柑橘全生育期病虫害防治技术见表5，施药量以产品标签和说明书为准。

表5 柑橘全生育期病虫害防治技术

防治对象	防治时期	具体措施
溃疡病	花芽分化期、萌芽期	推荐使用氢氧化铜或中生菌素、枯草芽孢杆菌叶面喷施

（续）

防治对象	防治时期	具体措施
炭疽病	花芽分化期、坐果期	推荐使用咪鲜胺、苯醚甲环唑叶面喷施
褐腐病	坐果期、壮果期	推荐使用氟硅唑、啶酰菌胺或腐霉利叶面喷施
蚜虫、介壳虫	花芽分化期、萌芽期、坐果期	推荐使用氟啶虫胺腈或啶虫脒叶面喷施
红蜘蛛	萌芽期、坐果期、壮果期	推荐使用联苯肼酯或丁氟螨酯叶面喷施

第二部分　蔬菜全程管理技术

🌱 保护地黄瓜

一、作物简介

黄瓜为我国主要蔬菜之一，各地普遍栽培，许多地区有温室或塑料大棚栽培，广泛种植于温带和热带地区。黄瓜喜肥不耐肥、喜湿不耐涝、喜温不耐寒，是一种对环境和管理要求比较高的蔬菜。生长适温10～32℃，一般白天25～32℃、夜间15～18℃生长最好。黄瓜需水量大，适宜土壤湿度为60%～90%，幼苗期控水控旺，结果期必须供给充足的水分。黄瓜适宜的空气湿度为60%～90%，空气湿度过大容易生病。

二、育苗

1.品种选择　目前，高产、优质、抗病、适应性广、商品性好的黄瓜品种有津优1号、超优1号、津春5号等。津优1号综合抗病性强，适合淮河以北的保护地栽培；超优1号适合淮河以南的保护地栽培；津春5号抗枯萎病明显，适合全国各地早春小拱棚、露地、秋延后栽培。

2.种子处理　为了防止黄瓜苗期的病虫害发生，一般采取浸种消毒、温汤消毒、种子包衣几种方法。

（1）温汤消毒。用种子质量1.5倍的50～55℃温水，将种子放入温水中持续搅动，温水中放置温度计，当水温降到25℃左右后，静置浸泡4～5小时，浸泡后的种子用清水冲洗2～3遍，纱布包好，放在28～30℃的温度下催芽。催芽72小时左右，催芽过程中早、晚各用30℃温水淘洗1次，当70%种子露白（出芽）时即可播种。

（2）包衣种子。种衣剂中包含有防治土传病害和蚜虫等有害生物的药剂。现在部分商品种子在出厂前已经包衣，不需要再进行消毒处理，可以直接催芽。

种子用自来水浸泡4～5小时，用纱布包好，放在28～30℃的温度下催芽。催芽72小时左右，催芽过程中早、晚各用30℃温水淘洗1次，当70%种子露白（出芽）时即可播种。

3.育秧盘育苗与管理

（1）播种。应选用基质土育苗，按每亩4 000株秧苗计算，每亩需播种约120克黄瓜种子。目前，普遍采用72穴育秧盘育苗，将基质浸湿饱和，压孔后点播，一穴播一粒催芽后的种子，覆基质，压实，喷淋水。冬季覆薄膜保温。

（2）育苗期管理。育苗期一般为30～45天，夏季30天左右，冬季约45天。白天温度保持在25～30℃，夜间温度保持17～20℃。冬季夜间以保温为主，生火加温为辅。播种时浇透水，之后到二叶一心前，一般不用浇水。如表面发白、心叶颜色变浓、大叶萎蔫时应浇水，随水喷施磷酸二氢钾2 000倍液，浇水多在晴天上午进行。

二叶一心后，喷施寡雄腐霉菌、碧护、氨基寡糖素，或其他杀菌剂和植物生长调节剂防病壮苗。喷施螺虫乙酯或悬挂黄板等防治白粉虱。

定植前一周要控水降温进行炼苗，白天温度控制在20～23℃，夜间温度保持10～12℃，使秧苗能够更好地适应定植后的环境条件，当秧苗5～6片叶时，开始定植。

三、定植

1.整地 定植前每亩施农家肥4 000 - 5 000千克、复合肥80～100千克，定植前翻耕起垄，垄宽80厘米，垄高15厘米，垄间距40厘米。

2.棚室消毒 使用广谱性杀虫杀菌剂，对棚室表面及土壤进行消毒。

3.定植　最低夜温12℃以上，0～10厘米处土壤温度高于12℃时，可以定植。采用大小行定植，小行距40厘米，大行距80厘米，株距25～30厘米，通常定植密度为4 000～4 500株/亩。覆盖地膜，铺设滴灌设备。定植前，用寡雄腐霉菌3 000倍液和高巧（吡虫啉）800倍液蘸根，促进生长，预防病虫害。

四、田间管理

温室黄瓜主要害虫包括蚜虫、粉虱、蓟马、红蜘蛛等小型害虫，建议定植前安装防虫网、门帘等设施，阻隔害虫进入温室为害。

1.缓苗期　定植后5～7天，浇缓苗水，随水冲施寡雄腐霉菌20克/亩，缓苗后10～15天蹲苗，控肥、控水，促进开花结果。悬挂粘虫色板，每棚5～10张。蚜虫发生初期，可选用苦参碱、藜芦碱、啶虫胺、呋虫胺等药剂叶面喷雾，交替使用。有条件的可释放蚜茧蜂、异色瓢虫等天敌昆虫。

2.幼苗期　黄瓜秧长到5节时，及时吊秧，以后每2～3天绕秧一次，及时去除所有的侧枝和卷须，摘除老病叶，一般留13～15个功能叶。瓜秧接近棚顶时，根据种植目的掐尖或落秧，为防止伤苗断苗，一般选择在下午进行。

3.开花期　植株的营养生长和生殖生长同时进行，控制好水、肥、气、热，延长结果期。根瓜收获后7天左右浇一次水，随水冲施寡雄腐霉菌20克/亩。之后，每隔5～7天浇一次水，随水追施高磷钾型水溶肥，一般两次水追一次肥。遇阴天不浇水，否则容易引起病害。

该时期使用啶虫脒或氟啶虫胺腈防治蚜虫和粉虱；使用乙基多杀菌素防治蓟马；使用烯酰吗啉或精甲霜·锰锌防治霜霉病；使用寡雄腐霉菌或啶酰菌胺防治灰霉病；使用嘧菌酯或苯醚甲环唑防治白粉病。

4.盛瓜期　盛瓜期持续时间长，需水、需肥量大。一般4～5天浇一次水，8～10天施一次肥，轻氮肥，重磷、钾肥。

该时期一般使用氟啶虫胺腈或溴氰虫酰胺防治蚜虫和粉虱；

使用腈菌唑或氟菌·肟菌酯防治白粉病；使用霜脲·锰锌或烯酰吗啉防治霜霉病；使用噻菌铜防治角斑病。

五、清园

采收结束后，关闭棚室风口、后窗等，确保棚室处于密闭状态，均匀喷施广谱性杀虫杀菌剂对植株残体、棚膜、地面、墙面等进行消毒处理。密闭棚室3～5天，可有效杀灭棚室内残留的病原菌、虫卵等，然后通风，清理植株残体进行堆沤处理。

六、病虫害防治一览表

黄瓜全生育期病虫害防治技术见表6，施药量以产品标签和说明书为准。

表6　黄瓜全生育期病虫害防治技术

防治对象	防治时期	具体措施
霜霉病	开花期、盛瓜期	推荐使用烯酰吗啉或精甲霜·锰锌、霜脲·锰锌叶面喷施
白粉病	开花期、盛瓜期	推荐使用腈菌唑或氟菌·肟菌酯叶面喷施
角斑病	盛瓜期	推荐使用中生菌素或噻菌铜叶面喷施
灰霉病	开花期	推荐使用寡雄腐霉菌或啶酰菌胺叶面喷施
蓟马	开花期	推荐使用乙基多杀菌素叶面喷施
蚜虫、粉虱	开花期、盛瓜期	推荐使用氟啶虫胺腈或溴氰虫酰胺叶面喷施

🌿 菠　菜

一、作物简介

菠菜属耐寒蔬菜，种子在4℃时即可萌发，最适温度为

15 ～ 20℃，35℃以上发芽率下降。营养生长适宜的温度为15 ～ 20℃，25℃以上生长不良，地上部能耐-6℃的低温。菠菜是典型的长日照作物，在12小时长日照和高温条件下植株易抽薹开花。菠菜对土壤适应能力强，但仍以保水保肥力强、疏松肥沃的沙质或黏质壤土为好，需要较多的氮肥及适当的磷、钾肥。菠菜在我国大部分地区均有种植。

二、育苗

1. 品种选择　菠菜栽培品种应选择优质、大叶、商品性好、抗病的品种。春菠菜一般在开春后气温回升到5℃以上时播种，3月为播种适期。常用品种有春秋大叶、沈阳圆叶、辽宁圆叶等。夏菠菜通常在5 ～ 7月播种，宜选用耐热性强、生长迅速的品种，如春秋大叶、广东圆叶等。秋菠菜一般在8 ～ 9月播种，品种宜选用较耐热、生长快的早熟品种，如犁头菠、春秋大叶等。越冬菠菜通常于10中旬至11月上旬播种，春节前后分批采收，宜选用冬性强、抽薹迟、耐寒性强的中、晚熟品种，如圆叶菠、辽宁圆叶等。

2. 种子处理　为了预防菠菜苗期的病虫害，一般采取温汤消毒、药剂浸种消毒等方法处理。

（1）温汤消毒。温汤浸种是一种物理消毒方法，一般先将种子用洁净的纱布包扎好，菠菜种子需放在55℃的恒温水中浸泡7 ～ 8分钟，并不断搅拌，然后取出再放入清洁水中浸泡24小时，最后取出晾干待催芽或播种。

（2）药剂浸种消毒。把种子放入配好的药液中浸泡，以达到杀菌消毒的目的。药剂浸种消毒应严格掌控药液的浓度和浸种时间，药剂浓度过低或浸种时间太短，则达不到杀菌消毒的目的；药剂浓度过高或浸种时间过长，又会影响种子发芽。所以，配备药液浓度和浸种时间是关键。先用清水把菠菜种子浸泡4 ～ 5小时后，再放入配好的药液中，用50％代森铵200 ～ 300倍液浸泡20 ～ 30分钟，预防菠菜霜霉病。

3.整地、育苗

（1）整地。菠菜种植田选择上茬未种植过十字花科蔬菜的地块。耕地前每亩施用优质有机肥3 000 ~ 5 000千克、高钾型三元素复合肥20 ~ 30千克，浅耕细耙，准备播种。

（2）棚室消毒。使用广谱性杀虫杀菌剂，对棚室表面及土壤进行消毒。

（3）播种。北方菠菜一般采用平畦撒播或条播，南方多采用深沟高畦撒播。开沟条播，沟深3 ~ 4厘米，行距10 ~ 15厘米，每亩播种3 ~ 3.5千克。

（4）育苗期管理。播种时最好采用湿播。先灌足底水，等水渗完后撒播种子，然后覆土，厚约1厘米，经常保持土壤温润，6 ~ 7天可齐苗。夏秋季播种，可用作物秸秆覆盖畦面，降温保湿，防止大雨冲刷，保证苗齐苗匀。冬播气温偏低，则在畦上覆盖塑料膜保温促出苗，出苗后撤除。

三、生育期管理

1.春菠菜　前期，要覆盖塑料薄膜保温，可直接覆盖到畦面上，出苗后即撤除薄膜或改为小拱棚覆盖。小拱棚昼揭夜盖、晴揭雨盖，让幼苗多见光，多炼苗。一般可在幼苗生长出2 ~ 3片真叶时浇第一水。浇第二水时，每亩随水冲施尿素15千克，或每亩施高钾复合肥20千克，尤其是采收前15天追施速效氮肥。浇水要看天、看地、看苗，原则是保持土壤湿润。

2.夏菠菜　出苗后，仍要盖遮阳网，晴盖阴揭、迟盖早揭，以利降温保温。苗期浇水应是早晨或傍晚进行小水勤浇。2 ~ 3片真叶后，追施两次速效氮肥。每次施肥后要浇清水，以促生长。

3.秋菠菜　出真叶后，泼浇一次清粪水；2片真叶后追肥，掌握先轻后重，前期多施腐熟粪肥；生长盛期追肥2 ~ 3次，每亩每次追施尿素5 ~ 10千克。

4.冬菠菜　播后，土壤保持湿润。2 ~ 3片真叶时，及时间苗，保持苗距3 ~ 5厘米，适当控水促进根系生长。4 ~ 5片真叶以后，在冬季来临前浇一次封冻水以利越冬。根据苗情和天气追施水肥，以腐熟人粪尿为主。早春土壤开始化冻后，要及时施肥浇水，促进营养生长延迟抽薹期，一般每亩追施尿素15～20千克，施肥后浇足水。菠菜返青后，每5～7天浇一次水，保持土壤湿润。

菠菜生长全生育期，可随田间浇水，冲施寡雄腐霉菌20克/亩，15～20天冲施一次，共2～3次，防治菠菜枯萎病。一般使用烯酰吗啉或精甲霜·锰锌防治霜霉病；使用啶虫脒或氟啶虫胺腈防治蚜虫；使用阿维·杀虫单防治潜叶蝇。

四、清园

将植株残体拔除就地放在棚室内，使用广谱性杀虫杀菌剂进行喷雾消毒，闷棚7～10天后集中堆沤处理。

五、病虫害防治一览表

菠菜全生育期病虫害防治技术见表7，施药量以产品标签和说明书为准。

表7　菠菜全生育期病虫害防治技术

防治对象	防治时期	具体措施
霜霉病	幼苗期—采收期	推荐使用精甲霜·锰锌或霜脲·锰锌叶面喷施
潜叶蝇	幼苗期—采收期	推荐使用阿维·杀虫单叶面喷施
蚜虫	幼苗期—采收期	推荐使用氟啶虫胺腈或溴氰虫酰胺叶面喷施

🌱 番　茄

一、作物简介

番茄是喜温、喜光、短日照蔬菜。在正常条件下，生长最适温度为20 ～ 25℃，最适土温为20 ～ 22℃。番茄喜水，一般以土壤湿度60%～ 80%、空气湿度45%～ 50%为宜。番茄对土壤条件要求不太严苛，在土层深厚、排水良好、富含有机质的肥沃壤土上生长良好。土壤酸碱度以pH 6 ～ 7为宜。

二、育苗

1.品种选择 要根据生长季节、栽培方式、市场需求选择合适的番茄品种。优良的番茄品种应具有抗病、丰产、优质等特点。可选用佳粉系列、中蔬系列、浙粉系列、申粉系列、朝粉系列等优良品种。

2.种子处理 播前种子处理，可减少番茄种子带菌，提高种子活力，促使出苗整齐一致，增强幼苗抗性。

（1）包衣种子。种衣剂中包含有预防或防治土传病害和虫害等有害生物的药剂。现在部分商品种子在出厂前已经包衣，不需要再进行消毒处理，可以直接催芽播种。

（2）温汤消毒。将番茄种子在凉水中浸泡10分钟，然后放入50℃的热水中，不断快速地搅动，使种子受热均匀，并随时补充热水，用棒状温度计测水温，使水温稳定在50 ～ 52℃，20 ～ 30分钟后捞出放在凉水中散去余热，然后浸种在25 ～ 30℃的温水中4 ～ 6小时。此法简便，成本低，杀菌力强，是常用的消毒方法。

（3）药剂浸种。磷酸三钠浸种，即先用清水浸种3 ～ 4小时，捞出沥干后，再放入10%的磷酸三钠溶液中浸泡20分钟，捞出洗净。这种方法对防治番茄病毒病有比较明显的效果。

3.催芽 番茄种子催芽的适宜温度为25 ～ 30℃，相对湿度为90%以上。在催芽过程中，应经常检查和翻动种子，每天要按时用30℃左右的温水冲洗种子1 ～ 2次，甩干种子表面水分或稍晾后继续催芽，以便保持湿度，更换空气，促使所有种子发芽均匀。在适宜的条件下，经2 ～ 3天番茄种子即可发芽。

4.育秧盘育苗与管理

（1）播种。保护地栽培时，冬春季育苗期为50 ～ 60天，夏秋季育苗期为25～30天，根据定植时间，提前播种。露地栽培时，春季北方地区通常在2月中旬至3月初播种育苗。夏番茄多在4月上旬播种，秋季露地栽培时，多在6月中下旬播种。

播种前要对穴盘进行消毒，使用寡雄腐霉菌3 000倍液浸泡穴盘1分钟。播种前一天，把苗床浇透，播种时把种子与细土拌匀，均匀撒在盘面并覆盖1厘米厚的细土。冬春季育苗床，床面上还需覆盖地膜。夏秋季育苗床，床面上需覆盖遮阳网，待有70%幼苗顶出土时撤除覆盖物。

（2）育苗期管理。一般情况，育苗床温度较高，保温条件好，种子经过催芽的，播种后2～3天就可以出苗，反之，就需要5天或更长时间才能出苗。

①温度管理：播种至两片子叶充分展开期，必须使床温控制在昼温25～28℃、夜温15～18℃。出苗至分苗前主要是调节苗床温、湿度，改善光照条件，防治苗期病害等。幼苗的两片子叶充分展开后，要适当降低床温，白天可控制在20～25℃，夜间控制在10～15℃，以防徒长。分苗前4～5天，为适应分苗床较低的温度，提高移植后的成活率，促进缓苗，此时的床温可再降低2～3℃。

②水分管理：播种与分苗时把水浇足浇透，如果缺水要采取喷水的方法进行补水，保持土壤湿润。

该时期使用寡雄腐霉菌防治立枯病和猝倒病；使用乙基多杀菌素防治蓟马。

三、定植

1. **整地**　选择排水良好的壤土或沙壤土，高畦栽培，畦宽80厘米，畦高10～15厘米，沟宽40厘米。定植前每亩施有机肥3 000～5 000千克，过磷酸钙25～30千克，深翻25～30厘米。

2. **棚室消毒**　使用广谱性杀虫杀菌剂，对棚室表面及土壤进行消毒。

3. **定植**　每畦栽两行，株距25～30厘米，行距40厘米，每亩栽3 000 ~ 4 000株。建议定植前安装防虫网、门帘等设施，阻隔害虫。定植前，用寡雄腐霉菌3 000倍液和高巧800倍液蘸根，促根生长。定植时浇足定植水。

四、幼苗期管理

缓苗前，白天适宜温度为32 ~ 35℃。缓苗后，白天适宜温度为20 ~ 25℃，夜间适宜温度为15 ~ 18℃。湿度过大时，应选择中午时间适当通风。定植后7 ~ 10天，浇一次缓苗水，并随水滴灌寡雄腐霉菌20克/亩，预防土传病害。之后，应控肥控水。

当番茄长到30 ~ 40厘米时，开始绑蔓，不能绑得太紧，以免妨碍生长。

五、花果期管理

1. 温度及水肥　开花结果期，白天适宜温度为20 ~ 30℃，夜间适宜温度为15℃左右。花期原则上不再浇水，直到第一穗果樱桃大小时再开始浇水，随水冲施一次催果肥，每亩施尿素15千克、过磷酸钙25千克、硫酸钾10千克，以后在第二和第三穗果开始膨大时各追肥一次。一般全生育期需要纯氮17千克（尿素37千克）、纯磷5千克（过磷酸钙36千克）、纯钾33千克（硫酸钾66千克）。此时，还需随水滴灌寡雄腐霉菌20克/亩，10 ~ 15天一次，连续2 ~ 3次，防治土传病害。水量以渗透土层15 ~ 20厘米为宜。

2. 整枝打杈　花期后适时整枝和摘除多余的侧枝，有利于通风透光，防止植株徒长，减少植株营养消耗，促进开花结果。一般掌握在侧枝长到6.7厘米左右摘除。打杈时，选择在晴天进行，利于伤口愈合，避免病菌通过伤口感染。

3. 保花保果　番茄属自花授粉作物，当遇到不利的环境条件时，极易发生落花落果现象。为保证产量，多采用以下方法。

（1）熊蜂授粉。番茄开花率达到10% ~ 15%时，可放置熊蜂进行授粉，蜂箱应放置在向阳位置，出蜂口应背光。

（2）震动授粉。番茄越夏栽培，棚室室温高于30℃时，采取震动授粉是促进授粉的最好方法。

4. 疏花疏果 及时将长得过密的花和果摘除，减少养分的消耗，使剩余的果有充足的养分供应，提高产量和商品性。

该时期一般使用寡雄腐霉菌或嘧菌酯防治疫病和灰霉病；使用寡雄腐霉菌灌根防治枯萎病；使用植物免疫蛋白或氨基寡糖素预防病毒病；使用氟啶虫胺腈或烯啶虫胺防治蚜虫和粉虱；使用乙基多杀菌素防治蓟马。

六、清园

将植株残体拔除就地放在棚室内，使用广谱性杀虫杀菌剂进行喷雾消毒，闷棚7～10天后集中堆沤处理。

七、病虫害防治一览表

番茄全生育期病虫害防治技术见表8，施药量以产品标签和说明书为准。

表8 番茄全生育期病虫害防治技术

防治对象	防治时期	具体措施
猝倒病、立枯病	幼苗期	推荐使用寡雄腐霉菌苗床喷淋
早疫病、叶霉病	幼苗期—采收期	推荐使用嘧菌酯或多抗霉素叶面喷施
晚疫病、灰霉病	采收期	推荐使用寡雄腐霉菌或霜脲·锰锌叶面喷施
枯萎病	花期—采收期	推荐使用寡雄腐霉菌灌根
病毒病	幼苗期—采收期	推荐使用植物免疫蛋白或氨基寡糖素叶面喷施
粉虱	幼苗期—采收期	推荐使用氟啶虫胺腈或溴氰虫酰胺叶面喷施
潜叶蝇	幼苗期—采收期	推荐使用阿维·杀虫单叶面喷施

🌱 花 椰 菜

一、作物简介

花椰菜喜冷凉，属半耐寒蔬菜，生长适宜温度为12～22℃，温度过低过高会导致花芽分化出现异常，一般在5～20℃通过春化阶段。花椰菜对湿度的要求比较严格，土壤湿度应该在70%～80%、空气相对湿度在80%～90%时最适宜。

二、育苗

1. 品种选择 花椰菜要选高产、优质、抗病、适应性广、商品性好的品种。适宜春季栽培的品种主要有日本雪山、瑞士雪球等；适宜秋季栽培的主要优良品种有日本雪山、荷兰雪球、白峰等。

2. 育秧盘育苗与管理

（1）育苗。苗床应选地势高、通风、排水良好、土质疏松、肥力中等的沙壤土，一般每亩大田需苗床16～20米^2。在播种前2～3天，将土地整平整细，整成垄宽1.3米、沟宽0.5米、沟深0.4米。播种量每平方米5克。将播种苗床浇透底水，待水渗下后将种子均匀撒播，再覆盖0.5～0.8厘米厚的细土，上盖草苫或杂草保温保湿，提高床温，使其能维持在15～22℃。在床土湿润等正常条件下，36～48小时即可出苗，3～4天后齐苗，齐苗后及时间苗，拔除杂草。

出苗后略通风降温，保持在15～22℃。晴天气温在20℃以上，可揭开薄膜，接受自然光照，夜间再盖上。育苗期间若营养土干燥，应在晴天中午适当浇水，以满足幼苗对水分的需要。定植前5天，揭开薄膜炼苗，提高幼苗耐寒能力。

（2）苗期管理。从播种到子叶微展，保持较高的温度和湿度，床温18～22℃，空气相对湿度在75%以上。从子叶展开到分苗，白天温度保持18～25℃，床温控制在15～20℃；分苗至缓苗床温为18～22℃，缓苗到定植床温为15～20℃。地发干或幼苗出现萎蔫现象时才浇水。当秧苗出现茎细、叶小、色淡等缺肥现象时，可用0.1%尿素和0.1%磷酸二氢钾混合液喷施。

二叶一心后，喷施寡雄腐霉菌、枯草芽孢杆菌、氨基寡糖素或其他杀菌剂和植物生长调节剂防病壮苗，喷施螺虫乙酯或悬挂黄板等防治白粉虱、蚜虫等。

一般在定植前10天进行炼苗，按"控温不控水"的原则进行管理，苗床温度降到10～20℃。定植前3～5天，大棚内小拱棚棚膜日夜全揭，维持大棚内气温在15～20℃。花椰菜幼苗长至4～6片真叶时，进行露地幼苗定植。

三、定植

1. 整地 每亩施优质农家肥3 000～5 000千克、硫酸铵20～30千克、过磷酸钙35～40千克、硼砂2千克、硫酸钾15～25千克，与栽培土混匀，浅耕细耙，准备定植。

2. 棚室消毒 使用广谱性杀虫杀菌剂，对棚室表面及土壤进行消毒。

3. 定植 定植前保护地安装防虫网，入口处铺设消毒隔离垫、防虫门帘等设施，以阻隔害虫进入。当最低夜温12℃以上，0～10厘米处土壤温度高于12℃时，可以定植。栽培田做成宽1米、高10厘米左右的小高畦，以大小行定植，小行40厘米，大行60厘米。定植前，用寡雄腐霉菌3 000倍液和高巧800倍液蘸根，促进生长，预防病虫害。定植时大小苗分开，栽齐、栽平，不能过高或过低，每亩定植3 000株左右，浇定植水。

四、生长期管理

定植后5～7天浇一次缓苗水。缓苗后控制浇水，以促进蹲苗，适当中耕浅锄，以提高地温、保墒、促进生根。当花球直径

2 ~ 3厘米时，结束蹲苗并浇水。随水冲施寡雄腐霉菌20克/亩预防土传病害，连续2 ~ 3次，间隔15 ~ 20天。

当小花球长至6 ~ 8厘米时，将老叶扭曲后内折，把花球全部盖住，如不遮盖则会造成花蕾表面变黄，降低品质。

花球膨大期，保持土壤湿润，一般每5 ~ 7天浇一次水。追施三元复合肥一次，以提高产量和花球质量。

该时期一般使用寡雄腐霉菌防治立枯病、猝倒病；使用烯酰吗啉或霜脲·锰锌防治霜霉病；使用啶酰菌胺防治灰霉病；使用中生菌素防治腐烂病；使用除虫菊素或啶虫脒防治蚜虫；使用苏云金杆菌或甲维盐防治小菜蛾。

五、清园

将植株残体拔除后集中堆沤或深埋处理，以减少栽培田内的病菌、虫卵等有害物的残留量。

六、病虫害防治一览表

花椰菜全生育期病虫害防治技术见表9，施药量以产品标签和说明书为准。

表9　花椰菜全生育期病虫害防治技术

防治对象	防治时期	具体措施
猝倒病、立枯病	幼苗期	推荐使用寡雄腐霉菌苗床喷淋
霜霉病、灰霉病、腐烂病	幼苗期—采收期	推荐使用精甲霜·锰锌、霜脲·锰锌或中生菌素叶面喷施
蚜虫	幼苗期—采收期	推荐使用氟啶虫胺腈叶面喷施
小菜蛾	幼苗期—采收期	推荐使用溴氰虫酰胺叶面喷施

🌱 胡 萝 卜

一、作物简介

胡萝卜为半耐寒性蔬菜，高温对胡萝卜肉质根膨大和着色不利。胡萝卜为长日照植物，光照不足会引起叶片狭长，叶柄细长，下部叶片营养不良而提早衰亡，降低产量和品质。胡萝卜对土壤的适应性较广，但在土层深厚、肥沃、富含腐殖质且排水良好的沙壤土上生长良好，产量高，品质佳。黏重土壤或排水不良的地块，最易发生歧根、裂根，尤其对长根品种不利。

二、种植

1. 品种选择　应选用高产、优质、抗病、耐寒、耐热、肉质根肥大的品种。目前较好的胡萝卜品种有日本黑田五寸、改良黑田五寸、广岛、映山红、韩国五寸等，传统农家品种有小顶红、扎地红等。

2. 种子处理　选好种后，先对种子进行筛选，除去秕、小的种子。然后搓去种子上的刺毛，以利种子吸水。种子在40℃的温水中浸种2小时，用纱布包好，置于20～25℃的条件下催芽，一般2～3天后种子露白即可播种。

3. 整地　由于胡萝卜肉质根入土深，吸收根分布也深，生产中胡萝卜栽培的地块要早耕多翻，碎土要充分耙细。深耕，一般深度在25～30厘米。前茬作物收获后，及时清洁田园，先浅耕灭茬，然后每亩施入腐熟的有机肥4 000～6 000千克、尿素10千克、草木灰100千克，深翻，精细耧耙2～3遍。然后做高畦或起高垄。高畦一般宽50厘米，高15～20厘米，畦面种两行胡萝卜。起垄，一般垄距80～90厘米，垄面宽50厘米，沟宽40厘米，高15～20厘米，每垄播两行。土层深厚、疏松、高燥及少雨的地区可做平畦。一般畦面宽1.2～1.5米，每畦种4～6行。

4. 播种　夏秋胡萝卜一般在7月中旬至8月中旬播种。条播或撒播均可。条播按20～25厘米的行距开沟，沟要浅，一般深2～3厘米，将种子均匀地播于沟内。播前可用适量的细沙与种子混合均匀再播，这样播种均匀。播后覆土2厘米，轻轻镇压后浇水。条播一般每亩播量0.5～1千克。撒播每亩播量1.5～2千克。播后在畦面盖麦秸或稻草，有保墒、降温、防大雨冲刷的作用，有利于出苗。

三、田间管理

1. 及时间苗、定苗，中耕除草　胡萝卜在苗期一般进行2～3次间苗和中耕除草。当幼苗长到2～3片真叶，进行第一次间苗，保持株距3厘米，并结合进行中耕除草。当幼苗长到3～4片真叶时，进行第二次间苗，苗距在6厘米左右。一般苗有5～6片真叶定苗。去除过密株、劣株和病株。一般中小品种株距12厘米左右，大型品种15厘米左右。小型品种每亩留苗4万株左右，大型品种每亩留苗3.5万株左右。定苗时中耕除草。在肉质根膨大期一般要进行2～3次中耕。

2. 合理灌溉　齐苗后，幼苗需水量不大，不宜过多浇水，保持土壤见干见湿，一般5～7天浇一次水，以利发根，防止幼苗徒长。大雨后要及时排水防涝，遇涝易死苗。定苗后要浇一次水，水后趁土壤湿润进行深中耕蹲苗，至7～8片叶、肉质根开始膨大时，结束蹲苗。肉质根膨大期不能缺水，每3～5天浇一次水，保持土壤湿润，以促进肉质根肥大。收获前15天左右停止浇水。

3. 科学追肥　胡萝卜生长期间，要根据土壤肥力、胡萝卜本身的生长状况进行追肥。定苗后追一次肥，一般每亩施三元复合肥15千克左右。隔15天后再追第二次，每亩施三元复合肥30千克。施肥时，于垄肩中下部开沟施入，然后覆土。收获前20天不要施速效氮肥。若发现叶丛生长过旺，可用15%多效唑可湿性粉剂1 500倍液喷叶，以促进肉质根的膨大。

胡萝卜主要病害有黑腐病、细菌性软腐病等，主要害虫有蚜蟥。黑腐病可用多菌灵或精甲霜·锰锌喷雾防治。细菌性软腐病可用琥胶肥酸铜喷雾防治。蚜蟥可用阿维菌素防治。

四、清园

采收后，及时清洁田园，把植株残体等带到田外，深埋或烧毁。

五、病虫害防治一览表

胡萝卜全生育期病虫害防治技术见表10，施药量以产品标签和说明书为准。

表10 胡萝卜全生育期病虫害防治技术

防治对象	防治时期	具体措施
黑腐病	营养生长期	推荐使用多菌灵或精甲霜·锰锌叶面喷施
细菌性软腐病	营养生长期	推荐使用琥胶肥酸铜叶面喷施
蛴螬	幼苗期、营养生长期	推荐使用阿维菌素灌根

🌱 大 葱

一、作物简介

大葱喜凉爽的气候条件，植株生长适温20～25℃，35～40℃时植株处于半休眠状态。大葱在我国蔬菜生产中占有极其重要的地位。

二、育苗

1.品种选择 选用高产、优质、抗病、抗逆性强、商品性好、适于栽培的"五叶齐"为主栽品种，辅助品种为章丘大葱。

2.种子处理 大葱一般采取干籽播种，播种前进行种子浸种和消毒，能提高发芽率和出苗率。

（1）浸种消毒。选择无病虫的新种子（实为上年采收的种

子），进行筛选，去掉杂粒、瘪粒，晒种2～3天。将种子在凉水
中浸泡10分钟，再放到65℃左右的温水中，并不断搅拌20～30
分钟；或者在高锰酸钾500倍液中浸泡20～30分钟，再用清水冲
洗干净，稍晾晒后播种。

（2）包衣种子。种衣剂中包含有防治土传病害和蚜虫等有害
生物的药剂。现在部分商品种子在出厂前已经包衣，不需要再进
行消毒处理。

3.育秧及管理

（1）播种。种子发芽最适温度18℃左右，一般播后6～8天
可出苗。采用当年新籽，每亩播种量3～4千克，可供栽植6～8
亩地；如果用储藏一年的陈种子宜加大用种量1倍以上，两年以上
的种子不能再用。

（2）育苗期管理。60%出苗后及时揭去地膜，揭膜过晚，幼
苗细弱。待幼苗伸腰后可浇一次水，使子叶伸展，扎根稳苗，以
后根据地墒情况，再浇1～2次水。水分不能过多，以免幼苗
徒长。大葱苗床每亩撒施3 000～5 000千克腐熟好的圈肥，加
过磷酸钙30～40千克、硫酸钾10～20千克。大葱育苗期长达
50～60天，整个苗期追肥1～2次，以速效复合肥为主，每亩每
次15～20千克，促使秧苗健壮生长。

苗期注意防治立枯病、猝倒病、蓟马等。立枯病和猝倒病可
选用甲霜·噁霉灵或寡雄腐霉菌等药剂喷雾或淋根防治，蓟马可
选用甲维盐或乙基多杀菌素等药剂喷雾防治。

三、定植

1.整地　大葱忌连作，理想的前茬是粮食作物，或者是2～3
年未种过葱蒜类的地块。以排水良好、有灌水条件的壤土或黏壤
土为宜。在大葱移栽前，每亩施优质腐熟有机肥2 000千克左右。
地整碎整平，准备定植。

2.定植　大葱对光照的需求偏低，适宜密植。定植前大小苗分
开，每米35～40株，行距1米，每亩栽2.3万株左右。定植深度以

不埋没葱心为宜，过深不宜发苗，过浅影响葱白长度。定植前用寡雄腐霉菌3 000倍液和高巧800倍液蘸根，促进生长，预防病虫害。

四、田间管理

大葱秧苗定植后，老根很快腐烂，4 ～ 5天后萌发出新根，新根长出，新叶开始生长。8月下旬至10月下旬，昼夜温差加大，是大葱生长的有利时期，此时追肥、浇水、培土三项工作应相互配合。立秋后开始第一次追肥，每亩追施土杂肥2 500 ～ 3 000千克，追肥后进行中耕、浇水。处暑后进行第二次追肥，每亩追尿素20千克，同时进行培土浇水。白露后第三次追肥，每亩追施硝酸磷肥20千克，结合中耕，进行第二次培土、浇水。秋分前后，再进行第三次培土，培土在上午露水干后、土壤凉爽时进行。

大葱主要病害有：紫斑病、霜霉病、灰霉病、葱类锈病等。主要害虫有：蓟马、潜叶蝇、甜菜夜蛾等。可综合利用农业、物理、生物防治技术，科学使用化学防治技术。例如，每40亩栽培田设置1台杀虫灯诱杀甜菜夜蛾等害虫。蓟马发生初期，悬挂蓝色粘虫色板，每亩20 ～ 30张；每亩设置昆虫信息素3 ～ 5处，诱杀甜菜夜蛾、棉铃虫等害虫。选用烯酰吗啉、精甲霜·锰锌、代森锰锌防治霜霉病、紫斑病；选用啶酰菌胺、嘧霉胺防治灰霉病；选用阿维菌素、甲维盐或乙基多杀菌素等防治蓟马；选用阿维·杀虫单、溴氰虫酰胺防治潜叶蝇、甜菜夜蛾。

五、清园

拔除大葱后，将残体集中进行无害处理：使用废旧棚膜覆盖，高温密闭堆沤处理。

六、病虫害防治一览表

大葱全生育期病虫害防治技术见表11，施药量以产品标签和说明书为准。

表11　大葱全生育期病虫害防治技术

防治对象	防治时期	具体措施
灰霉病	幼苗期—葱白形成期	推荐使用啶酰菌胺叶面喷施
霜霉病	幼苗期—葱白形成期	推荐使用精甲霜·锰锌或霜脲·锰锌叶面喷施
蓟马	幼苗期—葱白形成期	推荐使用乙基多杀菌素叶面喷施
地老虎、蝼蛄	幼苗期—葱白形成期	推荐使用阿维菌素灌根

甘　蓝

一、作物简介

甘蓝别名洋白菜、圆白菜、莲花白、卷心菜、椰菜、包菜等。喜冷凉湿润气候，较耐寒，对土壤的选择不很严格，适宜在腐殖质丰富的黏壤土或沙壤土中种植。可在全国各地四季栽培。

二、育苗

1. 品种选择

（1）尖头类型。多为早熟品种，定植到叶球成熟需50～70天。品种有鸡心甘蓝、牛心甘蓝等。

（2）圆头类型。多为早熟和早中熟品种，从定植到收获需50～70天，外叶较少，叶球紧实。品种有金早生、北京早熟、山西1号、金亩84等。

（3）平头类型。多为中熟或晚熟品种，从定植到收获需70～100天。品种有黑叶小平头、黄苗、茴子白等。

2. 种子处理　为了防止甘蓝苗期的病虫害发生，一般采取温汤消毒、种子包衣等方法处理。

（1）温汤消毒。用种子质量1.5倍的50～55℃温水，将种子放入温水中持续搅动，温水中放置温度计，当水温降到25℃后，静置浸泡4～5小时，浸泡后的种子用清水冲洗2～3遍，纱布包好，放在28～30℃的温度下催芽。催芽72小时，催芽过程中早、晚各用30℃温水淘洗一次，当70%种子露白（出芽）时即可播种。

（2）包衣种子。种衣剂中包含有防治土传病害和蚜虫等有害生物的药剂。现在部分商品种子在出厂前已经包衣，不需要再进行消毒处理，可以直接播种。

3.苗床土消毒　播种前使用寡雄腐霉菌3 000倍液浸泡2分钟对苗盘进行消毒，并使用广谱性杀菌剂拌营养土对土壤消毒。

4.育苗期管理　育苗期一般为30～45天，夏季30天左右，冬季约45天。白天温度保持在25～30℃，夜间保持17～20℃。冬季夜间以保温为主，生火加温为辅。播种时浇透水，之后到二叶一心前，一般不用浇水。如表面发白、心叶颜色变浓、大叶萎蔫时应浇水，随水喷施磷酸二氢钾，浇水多在晴天上午进行。

二叶一心后，喷施寡雄腐霉菌或碧护、氨基寡糖素等其他杀菌剂和植物生长调节剂防病壮苗。喷施螺虫乙酯或悬挂黄板等防治白粉虱。

定植前一周，要控水降温进行炼苗。白天温度控制在20～23℃，夜间10～12℃，使秧苗能够更好地适应定植后的环境条件，当秧苗具有5～6片真叶时，开始定植。

三、定植

1.整地　定植前每亩施农家肥4 000～5 000千克、复合肥80～100千克。定植前翻耕起垄，垄宽80厘米，垄高15厘米，垄间距40厘米。

2.棚室消毒　使用广谱性杀虫杀菌剂，对棚室表面及土壤进行消毒。

3.定植　最低夜温12℃以上，可以定植。采用大小行定植，小行距40厘米，大行距80厘米，株距35～50厘米，通常定植密度为3 500～4 000株/亩。覆盖地膜、铺设滴灌设备。定植前用寡雄腐霉菌3 000倍液和高巧800倍液蘸根，促进生长，预防病虫害。

温室甘蓝主要害虫包括蚜虫、鳞翅目幼虫等小型害虫，建议定植前安装防虫网、防虫门帘等设施，阻隔害虫进入温室。

苗期注意防治立枯病、猝倒病等，可选用甲基硫菌灵或寡雄腐霉菌等药剂喷雾或淋根防治。

四、田间管理

1.定植后 早春地膜栽培定植缓苗后，因春季温度低，应适当控制浇水以提高地温，不可大水漫灌，随水每亩施尿素20～30千克。

2.莲座后期—包心前期 加大肥水，每亩施复合肥或尿素40～50千克。莲座末期适当控制浇水，及时中耕除草。如果移栽较晚，应注意雨后排水，防止田间积水造成烂根或叶球腐烂。

3.病虫害防治 选用苏云金芽孢杆菌、核型多角体病毒、甲维盐、氯虫苯甲酰胺、溴氰虫酰胺等防治斜纹夜蛾、甜菜夜蛾等。

五、清园

对残体集中无害处理 拔除植株后，集中使用废旧棚膜堆沤或高温密闭处理。

六、病虫害防治一览表

甘蓝全生育期病虫害防治技术见表12，施药量以产品标签和说明书为准。

表12 甘蓝全生育期病虫害防治技术

防治对象	防治时期	具体措施
猝倒病、立枯病	幼苗期	推荐使用寡雄腐霉菌苗床喷淋
霜霉病、灰霉病	幼苗期—采收期	推荐使用精甲霜·锰锌或霜脲·锰锌叶面喷施
蚜虫	幼苗期—采收期	推荐使用氟啶虫胺腈3 000～4 000倍液叶面喷施

（续）

防治对象	防治时期	具体措施
小菜蛾、甜菜夜蛾、斜纹夜蛾	幼苗期—采收期	推荐使用苏云金芽孢杆菌或核型多角体病毒、溴氰虫酰胺、甲维盐、氯虫苯甲酰胺叶面喷施

🌱 豇 豆

一、作物简介

豇豆喜高温，耐热性强，生长适温为 20 ~ 25℃，在夏季 35℃以上高温仍能正常结荚，也不落花。但不耐霜冻，遭遇 10℃以下较长时间低温，生长受抑制。现在栽培以蔓性为主，南方春、夏、秋季均可栽培。豇豆对土壤适应性广，只要排水良好、土质疏松的田块均可栽植。豆荚柔嫩，结荚期要求肥水充足。豇豆根系再生力弱，多采用直播。

二、种植

1. **品种选择**　栽培品种应选择抗病、高产、优质、荚果长、肉厚质脆、结荚率高且持续结荚期长的品种，如芝豇 28-2、四季青、银燕、五月鲜等。

2. **种子处理**　豇豆易出芽，一般不需要浸种催芽。

3. **棚室消毒**　使用广谱性杀虫杀菌剂，对棚室表面及土壤进行消毒。

4. **整地**　播种前每亩施腐熟的有机肥 3 000 ~ 5 000 千克、过磷酸钙 25 ~ 30 千克、草木灰 50 ~ 100 千克或硫酸钾 10 ~ 20 千克。播种前翻耕起垄，垄宽 80 厘米，垄高 15 厘米，垄间距 40 厘米。安装滴灌等节水灌溉设施。

5. **播种**　采用小高畦进行栽培，按照种植密度株距 25 ~ 27 厘米、行距 60 厘米点籽直播，每穴点 2 ~ 3 粒种子，播后覆土盖种，并浇透水。

温室豇豆主要害虫包括蚜虫、粉虱、蓟马、红蜘蛛等小型害虫，建议种植前安装防虫网、防虫门帘等设施，阻隔害虫进入温室。

三、田间管理

苗龄一般20～25天，播种后出苗前不通风，尽量提高温度，注意夜间保温，保证最低温度在13℃以上。

出苗后，白天温度控制在28～30℃，最高温度不宜超过30℃。分苗时浇透水，随后视墒情浇水。每亩追施尿素15～20千克，促进植株营养生长。

苗期易发生猝倒病、立枯病，可选用寡雄腐霉菌防治。

蚜虫、蓟马、潜叶蝇、锈病在豇豆全生育期均可发生。锈病可选用苯醚甲环唑、嘧菌酯防治。防治蚜虫和蓟马，应于发生初期用苦参碱、藜芦碱、啶虫脒、溴氰虫酰胺等药剂叶面喷雾，并应交替使用，有条件的可释放蚜茧蜂、异色瓢虫等天敌昆虫。用阿维·杀虫单或灭蝇胺防治潜叶蝇。

封垄前一般每5～7天浇一次水，封垄后一般隔7～8天浇一次水。浇水在早晨或傍晚进行，大雨前不浇水。雨季及时排水。当植株有14～16片叶、主茎顶端现花蕾时，将顶部分枝和花蕾摘除，以增加有效侧枝数，摘心后进行第二次追肥，每亩追施复合肥20～25千克，促进有效侧枝分生，及早封垄。

初花期进行第三次追肥，每亩追施复合肥20～25千克，以提高坐果率。

豆荚进入采收期，尽量不浇水。该时期易发生灰霉病、锈病，可选用寡雄腐霉菌、啶酰菌胺、嘧菌酯、苯醚甲环唑喷雾防治。

露地种植的豇豆，进入采收期，还容易发生豆荚螟造成危害，可选用溴氰虫酰胺、甲维盐进行防治。

四、清园

拉秧前，先用广谱性杀虫杀菌剂对棚室内植株、棚膜、地面进行密闭性消毒，3天后再进行通风，拔除秧苗后，集中堆沤处理。

五、病虫害防治一览表

豇豆全生育期病虫害防治技术见表13，施药量以产品标签和说明书为准。

表13 豇豆全生育期病虫害防治技术

防治对象	防治时期	具体措施
猝倒病、立枯病	苗期	推荐使用寡雄腐霉菌喷淋
灰霉病	采收期	推荐使用啶酰菌胺叶面喷施
锈病	幼苗期—采收期	推荐使用苯醚甲环唑或嘧菌酯叶面喷施
蚜虫、粉虱	幼苗期—采收期	推荐使用氟啶虫胺腈或啶虫脒叶面喷施
豆荚螟	采收期	推荐使用溴氰虫酰胺或甲维盐叶面喷施
潜叶蝇	幼苗期—采收期	推荐使用阿维·杀虫单或灭蝇胺叶面喷施

🌱 韭 菜

一、作物简介

韭菜喜冷凉，耐寒也耐热，种子发芽适温为12℃以上，生长温度15～25℃，地下部能耐较低温度。中等光照强度，耐阴性强。适宜的空气相对湿度60%～70%，土壤湿度为田间最大持水量的80%～90%。对土壤质地适应性强，适宜pH为5.5～6.5。需肥量大，耐肥能力强。

二、种植

1.品种选择 选择抗病、耐寒、丰产的优良品种，如不休眠冬韭、天津大弯苗、汉中冬韭、791雪韭、平韭二号等。

2．种子处理 要选用新种，采用干籽直播，播种前要筛去瘪籽和杂质，对种子进行消毒。用50℃的温水浸泡种子25分钟，再浸入冷水，捞取晒干即可播种。

3．整地 种植前，对栽培田深翻细耙2次以上，同时每亩施腐熟农家肥4 000～5 000千克、复合肥80～100千克，土肥要掺和均匀。做成宽1.5米、长8～10米的畦，整平耙细，待播种。

4．播种 3月上旬至4月上旬，当日平均气温高于12℃时即可播种。每亩用种5～6千克。播种前先将表土取出，过筛后备用。在整平的畦面上用脚轻轻地踩一遍，浇足底水，待水渗下后，覆一层0.5厘米细土，将种子均匀地撒播在畦面上。分两次覆土，第一次覆土1.6厘米厚，待水分渗入这层土内，再覆1厘米厚的细土，把种子盖严，扣上地膜。

三、田间管理

1．育苗期 播种后到苗齐一般不浇水。苗出齐后，要保持土壤湿润，每5～7天浇一次水，当幼苗长到10～18厘米时浇水，每亩追尿素10千克或硫酸铵15千克，苗期追肥2次。土壤要见湿见干。进入雨季，畦面不能积水，注意防涝和排水。

2．移栽 幼苗移栽标准：苗高20～25厘米，叶片5～6片，叶色浓绿，茎叶粗壮，苗龄为70～80天。移栽后进行蹲苗。蹲苗期间，进行中耕2～3次，到新叶、新根发生时开始浇水，浇水2～3次以后适当控水。进入高温多雨季节，注意防涝排水。

3．生长旺盛期 平均气温在15～25℃时正值韭菜生长适期，要给予充分的水分和养分，每5～7天浇水一次，每亩追施尿素20千克。每15～20天追肥一次。每次冲施寡雄腐霉菌20克/亩，每月一次。

秋冬第一茬收割前一般不浇水、不施肥，当苗高8～10厘米后，如果缺水可适当浇水。第一刀收割后，待2～3天韭菜伤口愈合后、新叶长出时进行浇水并追肥，每亩施有机肥400～500千克或尿素10千克，土肥要掺和均匀，并顺垄沟培土。要注意在收割前7～10天不施用农药。

该时期易发生灰霉病、韭蛆、蓟马。可选用啶酰菌胺、嘧霉胺防治灰霉病；选用印楝素、阿维菌素淋根防治韭蛆；使用乙基多杀菌素防治蓟马。

四、病虫害防治一览表

韭菜全生育期病虫害防治技术见表14，施药量以产品标签和说明书为准。

表14　韭菜全生育期病虫害防治技术

防治对象	防治时期	具体措施
灰霉病	营养生长旺盛期	推荐使用啶酰菌胺叶面喷施
疫病	营养生长旺盛期—休眠期	推荐使用代森锰锌或寡雄腐霉菌叶面喷施
韭蛆	营养生长期	推荐使用阿维菌素灌根后喷灭蝇胺或印楝素灌根，每月1次
潜叶蝇	营养生长期	推荐使用阿维·杀虫单叶面喷施
葱蓟马	营养生长期	推荐使用乙基多杀菌素叶面喷施

🌱 苦 瓜

一、作物简介

苦瓜为我国夏季主要蔬菜之一，各地普遍栽培。苦瓜喜肥不耐肥、喜湿不耐涝、喜温不耐寒。生长适温10～32℃，一般白天15～30℃，夜间15～20℃。空气相对湿度和土壤相对湿度保持在85%。若天气干旱，水分不足，则植株生长受阻，果实品质下降。

二、育苗

1. 品种选择 高产、优质、抗病、适应性广、商品性好的苦瓜品种有吉安白苦瓜、汉中长白苦瓜、北京白苦瓜等。

2. 种子处理 为了防止苦瓜苗期的病虫害发生，一般采取种子消毒、种子包衣等方法处理。

（1）种子消毒。种子先用清水浸3～5小时后，用2.5%咯菌腈拌种，也可用10%磷酸三钠液浸种20分钟或用50%多菌灵500倍液浸种60分钟，然后用清水冲洗干净即可催芽或直播。

（2）包衣种子。种衣剂中包含有防治土传病害和蚜虫等有害生物的药剂。现在部分商品种子在出厂前已经包衣，不需要再进行消毒处理，可以直接催芽。

3. 浸种催芽 先将种子用50～60℃的热水浸种。可把盆中水温调至50～60℃，再把种子慢慢倒入水中，边倒边搅拌，使种子受热均匀，又不烫伤，直至水温降至30℃左右时，停止搅拌，继续浸泡7～8小时，充分吸足水分，然后淘洗几遍，将种子表面的黏液污物洗去，沥干水分，用纱布或毛巾包好，放于恒温或温暖处，保持在30～35℃催芽。

4. 育秧盘育苗与管理

（1）播种。首先将装好营养土的营养钵排放在苗床上，再浇足底水，撒上一薄层（0.5～1厘米）干的营养土，然后将萌芽的种子播入钵内，每钵播一粒，播后覆盖营养土2厘米，最后用塑料薄膜盖严，提高床温，使其能维持在25～30℃。出苗后略通风降温，保持在20～25℃；晴天气温在20℃以上，可揭开薄膜，夜间再盖上。定植前3天，揭开薄膜炼苗，提高幼苗耐寒能力。育苗期间若营养土干燥时，应在晴天中午适当浇水，以满足幼苗对水分的需要。

（2）苗期管理。从播种到子叶微展，保持床温25～30℃，湿度在80%以上。从子叶展开到分苗前，白天温度保持在25～30℃，床温控制在16～20℃；分苗至缓苗，床温为

10 ~ 28℃；缓苗到定植，床温为10 ~ 20℃。幼苗出现萎蔫现象时适当浇水。当秧苗出现茎细、叶小、色淡等缺肥现象时，可用0.1%尿素和0.1%磷酸二氢钾混合液喷施。

二叶一心后，喷施寡雄腐霉菌、氨基寡糖素等，或其他杀菌剂和植物生长调节剂防病壮苗，喷施螺虫乙酯或悬挂黄板等防治白粉虱、蚜虫等。

一般在定植前10天进行炼苗，按"控温不控水"的原则进行管理，苗床温度降到10 ~ 20℃。定植前3 ~ 5天，维持大棚内气温在15 ~ 20℃。苦瓜幼苗长至4 ~ 6片真叶时，即可定植。

三、定植

1. **整地** 定植前每亩施腐熟农家肥1 500 ~ 2 000千克、过磷酸钙80千克、钾肥15 ~ 25千克、尿素10 ~ 12千克，混匀撒在沟内。

2. **棚室消毒** 使用广谱性杀虫杀菌剂，对棚室表面及土壤进行消毒处理。

3. **定植** 苦瓜种植可单行双株植，株距60 ~ 70厘米；单行单株植，株距28 ~ 30厘米；双行单株植，株距40 ~ 50厘米，行距40 ~ 50厘米。移植后，浇足定根水。定植前用寡雄腐霉菌3 000倍液和高巧800倍液蘸根，促进生长，预防病虫害。

四、田间管理

温室苦瓜主要害虫包括蚜虫、粉虱、蓟马等小型害虫，建议定植前安装防虫网、防虫门帘等设施，阻隔害虫进入温室。

1. **苗期** 定植后5 ~ 7天，浇缓苗水。缓苗后10 ~ 15天蹲苗，控肥控水，促进开花结果。

此时期，连续喷淋寡雄腐霉菌2 ~ 3次防治立枯病，每亩20克，每次间隔半个月。防治蚜虫可选用苦参碱、藜芦碱、啶虫胺、呋虫胺等药剂叶面喷雾，交替使用。防治蓟马可选用苦参碱、乙基多杀菌素、甲维盐等药剂叶面喷雾，交替使用。也可采用悬挂粘虫色板，每棚5~10张，有条件的可释放蚜茧蜂、异色瓢虫等天敌昆虫。

2. 开花结果期 在苦瓜伸出卷须时，要引蔓上架，前期引蔓要勤，避免蔓叶互相缠绕。引蔓上架后，应将主蔓茎部40~50厘米以下的侧枝、上部细弱侧蔓摘除，使田间通风透光，减少病害。

此期要勤施、薄施水肥1~2次，保证瓜苗早生快长。雌花初现和初收瓜前3~7天各一次，以后每收一次瓜后追肥一次，在畦两侧挖浅沟，每亩施用复合肥40~50千克或施用尿素10千克、磷肥30千克、钾肥15千克。

该时期易发生白粉病、枯萎病、炭疽病、蚜虫、蓟马、红蜘蛛、瓜实蝇等。可选用氟菌·肟菌酯、苯醚甲环唑防治白粉病；使用寡雄腐霉菌防治枯萎病；使用咪鲜胺、甲基硫菌灵防治炭疽病；选用氟啶虫胺腈、烯啶虫胺防治蚜虫；选用乙基多杀菌素防治蓟马；选用联苯肼酯、螺螨酯防治红蜘蛛；选用阿维·杀虫单、溴氰虫酰胺防治瓜实蝇。

五、清园

苦瓜采收结束后，关闭棚室风口、后窗等，确保棚室处于密闭状态，均匀喷施广谱性杀虫杀菌剂，对植株残体、棚膜、地面、墙面等进行消毒处理。密闭棚室3~5天后，清理植株残体进行堆沤处理。

六、病虫害防治一览表

苦瓜全生育期病虫害防治技术见表15，施药量以产品标签和说明书为准。

表15 苦瓜全生育期病虫害防治技术

防治对象	防治时期	具体措施
猝倒病、立枯病	幼苗期	推荐使用寡雄腐霉菌苗床喷淋

（续）

防治对象	防治时期	具体措施
枯萎病	开花结果期	推荐使用甲基硫菌灵或寡雄腐霉菌淋根
炭疽病	幼苗期、开花结果期	推荐使用咪鲜胺或甲基硫菌灵叶面喷施
白粉病	幼苗期、开花结果期	推荐使用苯醚甲环唑或氟菌·肟菌酯叶面喷施
蚜虫、粉虱	幼苗期、开花结果期	推荐使用氟啶虫胺腈或烯啶虫胺叶面喷施
红蜘蛛	开花结果期	推荐使用联苯肼酯或螺螨酯叶面喷施
瓜实蝇	开花结果期	推荐使用阿维·杀虫单或溴氰虫酰胺叶面喷施

🌱 辣　椒

一、作物简介

辣椒是一种大众化蔬菜，我国各地普遍栽培，其中华南地区和云南的南部一年四季都能栽培，许多地区也有温室或塑料大棚栽培。辣椒喜温暖，怕寒冷（尤其霜冻），又忌高温和暴晒，生长发育的适宜温度为 $20 \sim 30\,℃$，白天为 $20 \sim 25\,℃$，夜间为 $15 \sim 20\,℃$。辣椒喜潮湿又怕水涝，空气湿度在 $60\% \sim 80\%$ 时生长良好，坐果率高，湿度过高有碍授粉。土壤水分多，空气湿度高，易发生沤根，叶片、花蕾、果实黄化脱落。

二、育苗

1.品种选择　栽培品种应选择抗病、抗逆性强、高产、优质、适应性广、商品性好的优质丰产品种，如牛角椒、羊角椒、线椒、泡椒、朝天椒等。

2.种子处理

（1）温汤消毒。用种子质量1.5倍的 $50 \sim 55\,℃$ 温水，将种子放入温水中10～15分钟持续搅动，使种子受热均匀，温水中放置温度计，当水温降到30℃时，停止搅拌，静置浸泡8小时。浸泡后的种子用10%磷酸三钠浸泡15分钟进行种子消毒，再用清水冲洗2～3遍，用干净的纱布包好，放在28～30℃的温度下催芽，每天用温水投洗一次，待有50%种子出芽后即可播种。

（2）包衣种子。种衣剂中包含有防治土传病害和蚜虫等有害生物的药剂。现在部分商品种子在出厂前已经包衣，不需要再进行消毒处理，可以直接催芽。

3. 育秧盘育苗与管理

（1）播种。育苗前应当用广谱性杀虫杀菌剂进行苗盘消毒。选用基质土育苗，普遍采用72穴育秧盘育苗，将基质浸湿饱和，压孔后点播，一穴播1～2粒催芽后的种子，覆基质，压实，喷淋水。

（2）育苗期管理。春季育苗期一般为80～90天，白天温度保持在30～32℃，夜间温度保持在18～20℃。出苗后为防止徒长，要适当放风，白天温度25～28℃，夜间16～18℃。播种时浇透水，之后到二叶一心前，一般不用浇水，在四叶一心后，在晴天上午视苗情浇水。

喷施寡雄腐霉菌或植物免疫蛋白、氨基寡糖素预防病毒病等病害；喷施螺虫乙酯或悬挂黄、蓝板等防治白粉虱、蚜虫等害虫。

定植前半个月要控水降温进行炼苗，白天温度控制在20～23℃，夜间温度控制在10～12℃，使秧苗能够更好地适应定植后的环境条件。定植宜选择在无风晴天下午进行。

三、定植

1. 整地　定植前，每亩施农家肥4 000～5 000千克，复合肥80～100千克，翻耕起垄，垄宽80厘米，垄高15厘米，垄间距40厘米。

2. 棚室消毒　使用广谱性杀虫杀菌剂，对棚室表面及土壤进行消毒处理。

3. 定植　最低夜温12℃以上即可定植。采用大小行定植，小行距40厘米，大行距80厘米，株距25～30厘米，通常定植密度为4 000 ～ 4 500株/亩。定植前，用寡雄腐霉菌3 000倍液和高巧800倍液蘸根，促进生长。

温室辣椒主要害虫包括蚜虫、粉虱、蓟马、红蜘蛛等小型害虫，建议定植前安装防虫网、防虫门帘等设施，阻隔害虫进入温室。

为节水节工，降低棚内湿度，建议安装滴灌等灌溉设施。

四、田间管理

1.缓苗期　定植后3天，浇缓苗水促进缓苗。封垄前一般每5 ～ 7天浇一次水，封垄以后一般隔7 ～ 8天浇一次水。浇水在早晨或傍晚进行，大雨前不浇水。雨季及时排水。随水冲施寡雄腐霉菌20克/亩，连续2 ～ 3次。缓苗后每亩追施尿素15 ～ 20千克，促进植株营养生长。

缓苗后，悬挂粘虫色板，每棚5 ～ 10张，监测蚜虫、粉虱等害虫。该时期易发生病毒病、早疫病、白粉病、蚜虫、茶黄螨等。可连续喷施氨基寡糖素3次，每次间隔7 ～ 10天，预防病毒病。可使用嘧菌酯防治早疫病；使用苯醚甲环唑防治白粉病；使用烯啶虫胺防治蚜虫、粉虱；使用联苯肼酯防治茶黄螨。

2.开花结果期　当植株主茎顶端现花蕾时，将顶部分枝和花蕾摘除，以增加有效侧枝数，摘心后进行第二次追肥，每亩追施复合肥20 ～ 25千克，促进有效侧枝分生，及早封垄。初花期进行第三次追肥，每亩追施复合肥20 ～ 25千克，以提高坐果率。

该时期易发生炭疽病、白粉病、蚜虫、茶黄螨等。可使用苯醚甲环唑防治白粉病；使用咪鲜胺或甲基硫菌灵防治炭疽病；使用烯啶虫胺防治粉虱；使用联苯肼酯防治茶黄螨；可选用苦参碱、藜芦碱、啶虫脒、溴氰虫酰胺等药剂叶面喷雾防治蚜虫。

五、清园

拉秧前，先用广谱性杀虫杀菌剂对棚室内植株、棚膜、地面上的病虫害进行密闭性消毒，3天后集中进行高温堆沤处理。

六、病虫害防治一览表

辣椒全生育期病虫害防治技术见表16，施药量以产品标签和说明书为准。

表16 辣椒全生育期病虫害防治技术

防治对象	防治时期	具体措施
病毒病	幼苗期、结果期	推荐使用氨基寡糖素叶面喷施
猝倒病、立枯病	幼苗期	推荐使用寡雄腐霉菌苗床喷淋
早疫病	幼苗期、结果期	推荐使用嘧菌酯或代森锰锌叶面喷施
炭疽病	开花结果期	推荐使用咪鲜胺或甲基硫菌灵叶面喷施
白粉病	幼苗期、开花结果期	推荐使用苯醚甲环唑或氟菌·肟菌酯叶面喷施
蚜虫、粉虱	幼苗期、开花结果期	推荐使用氟啶虫胺腈或烯啶虫胺叶面喷施
茶黄螨	幼苗期、开花结果期	推荐使用联苯肼酯或螺螨酯叶面喷施

🌱 萝 卜

一、作物简介

萝卜为我国各地主要蔬菜之一，以北方地区种植为主，特别是高寒地区。由于其栽培方法简单，病虫害少，适应性强，耐贮藏而大量栽培。萝卜喜低温，种子在 2 ~ 3℃便能发芽，茎叶生长的温度为5 ~ 25℃，肉质根生长的温度为6 ~ 20℃，一般白天最好不要超过25℃，夜间温度控制在5 ~ 10℃。萝卜适于肉质根生长的土壤有效水含量为65% ~ 80%，空气湿度为80% ~ 90%。

二、种植

1. 种子处理　萝卜一般采取点播、条播或撒播的方式播种，无须提前育苗。

（1）温汤浸种。用种子质量1.5倍的50～55℃温水，将种子放入温水中持续搅动，温水中放置温度计，当水温降到25℃左右后静置浸泡1～3小时，浸泡后的种子用清水冲洗2～3遍，然后用纱布包好进行催芽处理或直接播种。

（2）包衣种子。种衣剂中包含有防治土传病害和蚜虫等有害生物的药剂。现在部分商品种子在出厂前已经包衣，不需要再进行消毒处理，可以直接催芽或播种。

2. 整地　每亩施腐熟农家肥2 000千克、过磷酸钙25千克、复合肥100千克，耕入土中后耙平作畦，做到土壤疏松、细碎均匀、畦面平整，畦高20～27厘米，畦宽1～2米，沟宽40厘米。

3. 播种　最低夜温在5℃以上即可播种。一般大中型品种点播每亩用种子0.5千克，每穴4～5粒，并使种子在穴中散开，条播用种子1.0千克；小型品种撒播每亩用种子1.5千克。

三、田间管理

温室萝卜主要害虫包括蚜虫、菜青虫、跳甲等，建议定植前安装防虫网、防虫门帘等设施，阻隔害虫进入温室。

1. 幼苗期　悬挂粘虫色板，每棚5～10张。萝卜的幼苗出土后生长迅速，要及时间苗，原则是早间苗，分次间苗，晚定苗。每穴选留具有原品种特征的健壮苗一株，即为定苗，其余拔除，大中型品种每亩留苗数4 000～5 000株，小型品种每亩留苗数1万株。浇水量不宜过多，随水冲施寡雄腐霉菌20克/亩，15天一次，连续2～3次。该时期需注意防护蚜虫、跳甲等。可使用烯啶虫胺防治蚜虫；使用甲维盐防治跳甲。

2. 膨大期　肉质根迅速膨大时，必须保证叶片有较长的寿命和较强的生活力，保证肉质根的膨大。追肥两次，每亩第一次追施尿素10千克，第二次追施尿素15～20千克、硫酸钾15千克，追肥需结合浇水冲施。

该时期易发生软腐病、蚜虫、跳甲等。可选用中生菌素、氢氧化铜防治软腐病；选用氟啶虫胺腈、烯啶虫胺防治蚜虫；选用溴氰虫酰胺、甲维盐防治跳甲。

四、清园

采收后，先用广谱性杀虫杀菌剂对棚室内残体、棚膜、地面上的病虫害进行密闭性消毒，3天后集中进行高温堆沤处理。

五、病虫害防治一览表

萝卜全生育期病虫害防治技术见表17，施药量以产品标签和说明书为准。

表17　萝卜全生育期病虫害防治技术

防治对象	防治时期	具体措施
黑腐病、软腐病	膨大期	推荐使用中生菌素或氢氧化铜叶面喷施
蚜虫	幼苗期、膨大期	推荐使用氟啶虫胺腈或烯啶虫胺叶面喷施
菜青虫、跳甲	幼苗期、膨大期	推荐使用甲维盐或溴氰虫酰胺叶面喷施

南　瓜

一、作物简介

南瓜是喜温的短日照植物，耐旱性强，对土壤要求不严格，但以肥沃、中性或微酸性沙壤土为好。广泛分布于世界各地，早生，容易结果。生长发育的适温为18～32℃。果实通常呈厚扁球形或梨形，果皮金红色。

二、育苗

1.品种选择　抗病能力较强、产量高的品种有丹红1号、早生赤栗、北京甜栗、绿星栗、青星栗等。

2.种子处理

（1）温汤浸种。用种子质量1.5倍的50～55℃温水，将种子放入温水中持续搅动，温水中放置温度计，当水温降至30℃搅拌半小时，然后用清水浸种8～12小时，期间用30℃温水淘洗种子2～3次，除去种子表面的黏液。种子捞出后晾2小时，待种子表面干爽后催芽。

（2）包衣种子。种衣剂中包含有防治土传病害和蚜虫等有害生物的药剂。现在部分商品种子在出厂前已经包衣，不需要再进行消毒处理，可以直接催芽。

3.催芽　催芽时温度保持在28～30℃，2～3天后，待芽长0.2～0.5厘米时，种子胚根显露，俗称露白，即可播种。

4.育秧盘育苗与管理

（1）育秧盘消毒。将育秧盘放在广谱性杀虫杀菌剂溶液中浸泡1分钟左右即可。

（2）播种。应选用基质土育苗，采用72穴育秧盘育苗，将基质浸湿饱和，压孔后点播，一穴播一粒催芽后的种子，覆基质，压实，喷淋水。冬季覆薄膜保温。

（3）育苗期管理。保护地栽培苗龄30天左右，幼苗3～4片真叶即可移栽。壮苗的标准为苗龄25～35天，株高10厘米左右，茎粗0.4～0.5厘米，有3～4片真叶。

二叶一心后，喷施寡雄腐霉菌、氨基寡糖素等，或其他杀菌剂和植物生长调节剂防病壮苗。喷施螺虫乙酯或悬挂黄板等防治粉虱、蚜虫。

定植前一周要控水降温进行炼苗，白天温度控制在20～25℃，夜间12～15℃，使秧苗能够更好地适应定植后的环境条件。

三、定植

1. 整地 每亩施基肥 2 500 ～ 4 000 千克，要进行深翻，并施入圈肥做底肥。起高垄，垄高 20 厘米，行距为 1.5 ～ 2.0 米，株距0.7 ～ 1.0 米。

2. 棚室消毒 使用广谱性杀菌杀虫剂对棚室表面及土壤进行消毒。

3. 定植 由于各地气候差异较大，所以南瓜的定植时间也不一致，只要能保证南瓜苗不受低温冻害，正常生长，就可以定植。注意定植时不宜过深，以子叶露出地面为宜。浇定根水时，苗叶上不要沾水和泥土，以免影响缓苗和成活。定植前用寡雄腐霉菌3 000 倍液和高巧 800 倍液蘸根，促进生长，预防病虫害。

温室南瓜主要害虫包括蚜虫、粉虱、红蜘蛛等小型害虫，建议定植前安装防虫网、防虫门帘等设施，阻隔害虫进入。

四、田间管理

1. 幼苗期 定植后 8 ～ 10 天，浇缓苗水，随水冲施寡雄腐霉菌 20 克/亩，15 天一次，连续 2 ～ 3 次。缓苗后，注意控温控水炼苗，悬挂粘虫色板，每棚 5 ～ 10 张。

定植后约 10 天，喷施一次稀薄有机肥，以氮肥为主。植株开始爬蔓后生长迅速，8 ～ 10 片真叶时进行第一次打顶，促使多萌发侧蔓，此时可提前搭设支架。

该时期易发生白粉病、蚜虫、病毒病等。可使用甲基硫菌灵防治白粉病；使用氨基寡糖素防治病毒病；使用烯啶虫胺防治蚜虫。

2. 开花结果期 此时期，可进行人工授粉或选择放蜂辅助授粉。南瓜花均在 6:00 前开放，为提高授粉效率，授粉须在 9:00 以前完成。通常每株留 3 ～ 5 个瓜即可。

一般在坐果以后，每亩施尿素 10 ～ 15 千克、硫酸钾 5 ～ 10千克，追施 1 ～ 2 次。在南瓜生长中、后期，根系吸收养分的能力减弱，为保证南瓜生长发育的需要，可利用根外追肥方式来补充养分。

该时期易发生白粉病、蚜虫、蓟马等。可选用苯醚甲环唑、氟菌·肟菌酯、甲基硫菌灵防治白粉病；选用氟啶虫胺腈、烯啶虫胺防治蚜虫；选用乙基多杀菌素、甲维盐防治蓟马。

五、清园

将植株残体拔除就地放在棚室内，使用广谱性杀虫杀菌剂进行喷雾消毒，闷棚7～10天后集中堆沤处理。

六、病虫害防治一览表

南瓜全生育期病虫害防治技术见表18，施药量以产品标签和说明书为准。

表18　南瓜全生育期病虫害防治技术

防治对象	防治时期	具体措施
白粉病	幼苗期、开花结果期	推荐使用苯醚甲环唑或氟菌·肟菌酯叶面喷施
蚜虫	幼苗期、开花结果期	推荐使用氟啶虫胺腈或烯啶虫胺叶面喷施
蓟马	开花结果期	推荐使用乙基多杀菌素或甲维盐叶面喷施

🌱 茄　子

一、作物简介

茄子为喜温作物，较耐高温。对光周期长短的反应不敏感，只要温度适宜，从春到秋都能开花、结果。茄子生长适宜温度为22～30℃，白天为25～28℃，夜间为17～20℃。茄子要求强光，光弱时，光合产物少，生长不良，授粉能力弱，容易引起落花。

对土壤要求不严，但以富含有机质、疏松、排水良好的壤土为好，pH 6.8 ~ 7.3为宜。

二、育苗

1.品种选择 优良品种有郎高、安德烈、布利塔、茄杂2号、曾茄3号、新乡糙青茄等品种。

2.种子处理

（1）温汤浸种。用55℃温水浸种15分钟，再用30℃清水浸泡8小时，洗净种皮上的黏液，用干净纱布包好开始催芽。采用变温管理，每天25 ~ 30℃控制16 ~ 18小时，16 ~ 20℃控制6 ~ 8小时，早晚用温水淘洗一次，6 ~ 8天后发芽。

（2）包衣种子。种衣剂中包含有防治土传病害和蚜虫等有害生物的药剂。

3.育秧盘育苗与管理

（1）育秧盘消毒。将育秧盘放在广谱性杀菌剂溶液中浸泡1分钟左右即可。

（2）育秧盘育苗。播种前浇足底水，水渗后将消毒和浸种催芽的种子拌沙撒播，然后覆土1厘米厚。干旱年份，出苗前，若床土过于干旱，可浇水1 ~ 2次，保持床土湿润，以促进迅速出苗。出齐苗后，要及时间苗，淘汰过密和病弱苗小苗。两片真叶期前后即可分苗，使苗距加宽到8 ~ 12厘米，可以选用9厘米×9厘米的营养杯，以保证幼苗有一定的营养面积。

育苗期间可喷施寡雄腐霉菌、氨基寡糖素等，或其他杀菌剂和植物生长调节剂防病壮苗。喷施螺虫乙酯或悬挂黄板等防治白粉虱、蚜虫。

三、定植

1.整地 茄子耐肥性强、需肥量多。每亩施腐熟农家肥2 000千克、复合肥50千克，起高畦种植。畦高约30厘米，双行种植畦宽1.8米，单行种植畦宽1.3米。

2.棚室消毒 使用百菌清或多菌灵，对棚室表面及土壤进行消毒。

3.定植 双行种植株距45～50厘米，每亩种植1 400株左右；单行种植株距45厘米，每亩种植1 000株左右。定植后浇足定植水，幼苗成活后停止浇水，促进根系深扎。定植前用寡雄腐霉菌3 000倍液和高巧800倍液蘸根，促进生长，预防病虫害。

温室茄子主要害虫包括蚜虫、粉虱、红蜘蛛等小型害虫，建议定植前安装防虫网、防虫门帘等设施，阻隔害虫进入。

四、田间管理

1.幼苗期 定植后8～10天，浇缓苗水，随水冲施寡雄腐霉菌20克/亩，15天一次，连续2～3次。缓苗后注意控温控水炼苗，悬挂粘虫色板，每棚5～10张。茄子生长前期需水量不多，适当的干旱有利花芽分化，提高坐果率。

茄苗定植后约15天进行浅中耕除草，结合小培土薄施一次提苗肥。门茄坐果后，摘除门茄以下的侧枝，以免枝叶过多，消耗养分。此时植株尚未封行，进行深中耕除草、培土，重施一次追肥，每亩施硫酸钾复合肥50千克。一般采取双杆整枝的方法进行生产。

该时期易发生立枯病、猝倒病。可选用寡雄腐霉菌、甲霜·噁霉灵防治立枯病、猝倒病。

2.开花结果期 门茄的现蕾开花期，田间管理重点是中耕、蹲苗，节制肥水供应，防止因肥水过多引起落花、落果，影响早期产量。门茄坐果到达瞪眼期（门茄果尖露白时）后，要加强肥水供应，追施氮、磷、钾肥，以钾肥为主，氮肥次之，磷肥最少。一般施用复合肥40千克/亩、硫酸钾20千克/亩。同时，应采取整枝、打杈和适时采收等技术措施，防止植株出现早衰，实现高产、优质。

该时期易发生灰霉病、菌核病、黄萎病、青枯病、绵疫病、蚜虫、蓟马、红蜘蛛、斑潜蝇。可选用异菌脲、啶酰菌胺防治灰霉病、菌核病；可选用寡雄腐霉菌、甲基硫菌灵、氰烯菌酯防治黄萎病；可选用中生菌素、噻菌铜防治青枯病；可选用甲基硫菌灵、霜霉威盐酸盐防治绵疫病；可选用氟啶虫胺腈、烯啶虫胺防治蚜虫；可选用乙基多杀菌素、甲维盐防治蓟马；可选用联苯肼酯、噻螨酮防治红蜘蛛；可选用阿维·杀虫单、灭蝇胺防治斑潜蝇。

3. 采收期　当茄子进入开花结果期后，应经常修整植株，剪去无效和生长过密的分枝，去除植株中下部病、老、黄叶，减少养分消耗，确保植株间通风透光。同时应根据植株长势，每隔20天追一次复合肥10～15千克/亩，以满足植株生长发育的需要，防止因养分供应不足而早衰。

该时期易发生灰霉病、菌核病、黄萎病、青枯病、绵疫病、蚜虫、蓟马、红蜘蛛、斑潜蝇。可选用异菌脲、啶酰菌胺防治灰霉病、菌核病；可选用寡雄腐霉菌、甲基硫菌灵、氰烯菌酯防治黄萎病；可选用中生菌素、噻菌铜防治青枯病；可选用甲基硫菌灵、霜霉威盐酸盐防治绵疫病；可选用氟啶虫胺腈、烯啶虫胺防治蚜虫；可选用乙基多杀菌素、甲维盐防治蓟马；可选用联苯肼酯、噻螨酮防治红蜘蛛；可选用阿维·杀虫单、灭蝇胺防治斑潜蝇。

五、清园

将植株残体拔除就地放在棚室内，使用广谱性杀虫杀菌剂进行喷雾消毒，闷棚7～10天后集中堆沤处理。

六、病虫害防治一览表

茄子全生育期病虫害防治技术见表19，施药量以产品标签和说明书为准。

表19　茄子全生育期病虫害防治技术

防治对象	防治时期	具体措施
猝倒病、立枯病	幼苗期	推荐使用寡雄腐霉菌或甲霜·噁霉灵叶面喷施
灰霉病、菌核病	开花结果期	推荐使用异菌脲或啶酰菌胺叶面喷施

（续）

防治对象	防治时期	具体措施
黄萎病	开花结果期	推荐使用甲基硫菌灵灌根
青枯病	开花结果期	推荐使用中生菌素或噻菌铜淋根
绵疫病	开花结果期	推荐使用甲基硫菌灵或霜霉威盐酸盐叶面喷施
蚜虫	幼苗期、开花结果期	推荐使用氟啶虫胺腈或烯啶虫胺叶面喷施
蓟马	幼苗期、开花结果期	推荐使用乙基多杀菌素或甲维盐叶面喷施
红蜘蛛	幼苗期、开花结果期	推荐使用联苯肼酯或噻螨酮叶面喷施
斑潜蝇	幼苗期、开花结果期	推荐使用阿维·杀虫单或灭蝇胺叶面喷施

🌱 生　菜

一、作物简介

生菜为半寒性蔬菜，喜冷凉湿润的气候条件，既不耐寒，又不耐热，生长适宜温度为15～20℃，生育期90～100天。生菜因其根系浅，叶面积大，因此不耐干旱。生菜喜微酸性的土壤，要求土壤通透性良好、有机质丰富、保水保肥力强。生菜主要有长叶、皱叶（散叶生菜）和结球生菜三个变种。我国栽培的主要是皱叶和结球生菜。

二、育苗

1. 品种选择　根据生菜各生育期对温度的要求，一般9月至翌年2月均可播种，当年11月至翌年5月收获。夏季炎热的地区，秋季栽培时要注意采取降温措施，预防出苗先期抽薹，应选用耐热、耐抽薹的品种。一般种植品种有紫叶生菜、红花叶生菜、绿波、东山生菜、碧绿等。

2.种子处理

（1）打破休眠。在夏季高温季节播种，种子易发生热休眠现象，需用 15 ～ 18℃的水浸泡催芽后播种，或把种子用纱布包住浸泡约半小时，捞起沥去余水，放在 4 ～ 7℃的冰箱冷藏室中 2 天再播种，或把种子贮放在 −5 ～ 0℃的冰箱里存放 7 ～ 10 天，都能顺利打破生菜种子休眠，提高种子发芽率。2 ～ 3 天即可齐芽，80%种子露白时应及时播种。

（2）药剂处理。可用 5 毫克／千克赤霉素溶液浸种 6 ～ 7 小时后播种，或用细胞激动素 100 毫克／千克浸种 3 分钟后播种。

3.育秧盘育苗与管理

（1）播种。生菜育苗宜选用保水保肥性好、肥沃的沙壤土。床土配制：10 米²苗床用腐熟的有机肥 10 千克、硫酸铵 0.3 千克、过磷酸钙 0.5 千克、硫酸钾 0.2 千克，充分混合均匀铺平耙细，浇足底水，水渗后播种。为使撒播均匀，播种时种子内可掺入少量细沙土，播后覆 0.3 ～ 0.5 厘米厚潮土，并覆盖地膜保湿。每亩播种量 30 ～ 50克。幼苗开始出土时，应及时揭开畦面地膜，防止徒长。

（2）育秧盘消毒。将育秧盘放在广谱性杀菌剂溶液中浸泡 1 分钟左右即可。

（3）育苗期管理。苗床温度白天控制在 18 ～ 20℃、夜间控制在 12 ～ 14℃为宜。注意通风换气，如遇强光暴晒需遮阳。当幼苗长到 2 ～ 3 片真叶时，按株行距 6 ～ 8 厘米分苗，长到 4 ～ 5 片真叶时可定植。要经常喷水，保持苗盘湿润，小苗有三叶一心后，结合喷水喷施叶面肥和寡雄腐霉菌，预防猝倒病及立枯病。

三、定植

1.整地　生菜生长快速，怕干旱，也怕雨涝；土壤要选择肥沃、有机质丰富、保水保肥力强、透气性好、排灌方便的微酸性土地。基肥要用质量好并充分腐熟的有机肥，露地用量每亩 2 000 ～ 3 000 千克加复合肥 20 ～ 30 千克；保护地每亩需3 000 ～ 5 000 千克有机肥。作畦按不同的栽培季节和土质而定。

一般春秋栽培宜作平畦，夏季宜作小高畦。地势较凹的地块，宜作小高畦或瓦垄畦；如在排水良好的沙壤地块，可作平畦；在地下水位高、土壤较黏重、排水不良的地块，应作小高畦。畦宽一般为1.3～1.7米，定植4行。

2. 棚室消毒　使用广谱性杀虫杀菌剂，对棚室表面及土壤进行消毒处理。

3. 定植　苗床育的苗要带土坨起苗，随挖随栽，尽量少伤根。定植前使用寡雄腐霉菌3 000倍液和高巧800倍液进行蘸根，促进生长，预防病虫害。种植时按株行距定植整齐，苗要直，种植深度掌握在苗坨的土面与地面平齐即可。开沟或挖穴栽植，封沟平畦后浇足定植水。定植后温度，白天温度保持20～24℃，夜间温度保持10℃以上。定植时一般行距40厘米，株距30厘米。大株型品种，秋季栽培时，行距33～40厘米，株距27厘米，每亩栽苗5 800株；冬季栽培时，可稍密植，行距25厘米，每亩栽6 500株。

四、田间管理

以底肥为主，底肥充足时，生长前期可不追肥。生长中后期，随水追一次氮素化肥，每亩15～20千克尿素，促使叶片生长；15～20天后追第二次肥，以氮、磷、钾复合肥为好，每亩用15～20千克；心叶开始向内卷曲时，再追施一次复合肥，每亩用20千克左右。

全生育期易发生霜霉病、灰霉病、软腐病、菌核病、蚜虫。可选用精甲霜·锰锌、霜脲·锰锌防治霜霉病；可选用寡雄腐霉菌、嘧霉·异菌脲、啶酰菌胺防治灰霉病和菌核病；可选用氟啶虫胺腈、烯啶虫胺防治蚜虫。

五、清园

将植株残体拔除就地放在棚室内，使用广谱性杀虫杀菌剂进行喷雾消毒，闷棚7～10天后集中堆沤处理。

六、病虫害防治一览表

生菜全生育期病虫害防治技术见表20，施药量以产品标签和说明书为准。

表20　生菜全生育期病虫害防治技术

防治对象	防治时期	具体措施
霜霉病	营养生长期	推荐使用精甲霜·锰锌或霜脲·锰锌叶面喷施
灰霉病、菌核病	营养生长期	推荐使用寡雄腐霉菌或嘧霉·异菌脲、啶酰菌胺叶面喷施
蚜虫	营养生长期	推荐使用氟啶虫胺腈或烯啶虫胺叶面喷施

🌱 莴　笋

一、作物简介

莴笋又称莴苣，菊科莴苣属。别名茎用莴苣、莴苣笋、青笋、莴菜。莴笋的适应性强，可春秋两季或越冬栽培，以春季栽培为主，夏季收获。种子在4℃以上即可发芽，适宜温度为15～20℃。幼苗生长适温为15～20℃，茎的生长温度为11～18℃。莴苣喜昼夜温差大，开花结实要求较高温度，适温为19～22℃。莴笋对土壤的酸碱性反应敏感，适合在微酸性的土壤中种植。莴笋的根系浅，吸收水分和养分能力弱，种植莴笋的土壤以沙壤土、壤土为宜。

二、育苗

1. 品种选择　选用抗（耐）病、优质、丰产、适宜保护地栽培的品种。越冬莴笋、春莴笋选用耐寒、适应性强、抽薹迟的品种，如耐寒白叶尖、耐寒二白皮、苦荬叶等。夏、秋莴笋，选用耐热的早熟品种，如耐热白叶尖、苦荬叶、耐热大花叶、特耐热二白皮等。

2. 种子处理　在5～9月播种的，由于炎热高温，种子发芽困难，播种前需低温催芽，即将种子在凉水中浸泡6～7小时后，用湿布包好在20～25℃催芽至80%种子露白。也可将种子浸泡24小时后，用湿布包好，放在冰箱或冷藏柜内，在－3～5℃下冷冻24小时，然后放在凉爽处，2～3天即可发芽。

3. 育秧盘育苗与管理　春莴笋，大棚育苗播种时，先揭开苗畦上薄膜，浇足底水，待水渗下后，将种子掺在少量的细沙或细土中拌匀后撒播。10米²苗床播种子25～30克。播后覆土0.3～0.5厘米，盖严薄膜，夜间加盖草苫保温，露地育苗加盖小拱棚。幼苗出土前，晚揭早盖覆盖物，不通风，提高床温。幼苗出土后，适当通风，白天保持床温12～20℃，夜间床温5～8℃。遮阳网早揭晚盖。2～3片真叶时间苗一次，苗距4～5厘米。移栽前5～6天，加大通风炼苗。

夏莴笋选阴天播种。4月至5月上中旬播湿籽，盖薄膜，出苗后撤去。5月下旬至7月上中旬，用小拱棚或平棚覆盖遮阳网至出苗或2片真叶。2片真叶前间苗一次，4～5片真叶时间苗一次，苗距10厘米。健壮苗还可按株行距10厘米左右高密度栽植。每次间苗、定苗和移栽缓苗后，结合浇水施腐熟有机肥。雨天清沟排渍，定植前15天左右浇一次0.5%尿素水溶液。

秋莴笋播前先将苗床浇湿浇透，播发芽籽或湿籽，播后浇盖一层30%～40%浓度的腐熟有机肥并覆盖薄稻草或黑色遮阳网。出苗后盖遮阳网，早晚浇水肥，保持床土湿润，及时除草间苗。

三、定植

1. 整地　定植时，选择排水条件好的壤土，每亩施腐熟的有机肥4 000 ～ 5 000千克。深翻整平，做成1.2 ～ 1.5米宽的高畦。起苗前，先将苗床浇水。

2.棚室消毒 使用广谱性杀虫杀菌剂，对棚室表面及土壤进行消毒。

3.定植 定植前，先浇水，后起苗。定植时轻轻取出苗坨，按株行距30厘米×30厘米栽植，每亩定植6 000 ～ 7 000株。栽苗深度以埋到第一片真叶叶柄基部为宜，栽后立即浇水。定植前，用寡雄腐霉菌3 000倍液和高巧800倍液蘸根，促进生长，预防病虫害。

整个生育期可随水冲施寡雄腐霉菌20克/亩，15天一次，连续2 ～ 3次。

四、田间管理

1.春莴笋 苗龄25 ～ 30天，5 ～ 6片叶时定植，株行距20厘米×27厘米，深度以埋到第一片叶柄基部为宜，栽后浇定植水。地膜覆盖栽培的，底肥一次施足，并盖好地膜，雨天排水防渍。大棚和露地栽培，选晴暖天气中耕1 ～ 2次，适时浇水追肥，前期淡粪水勤浇，保持畦面湿润，植株基本封垄时，可嫩株上市。以茎为产品的，每亩浇施尿素15千克1 ～ 2次。

2.秋莴笋 苗龄25天定植，株行距25厘米×（30 ～ 35）厘米，以嫩株上市，株行距15厘米×20厘米。选阴天或下午定植，及时浇定植水，并利用大小拱棚或平棚覆盖遮阳网，缓苗后撤去。少中耕、浅中耕，保持土壤湿润，在植株封垄期前后，每亩施5千克尿素2 ～ 3次。

3.越冬莴笋 苗床底肥不宜过足。苗龄40天左右采用地膜覆盖定植，株行距（30 ～ 35）厘米×（30 ～ 40）厘米。成活后追施1 ～ 2次淡粪水，如翌年以成株上市，越冬前应注意炼苗，不宜肥水过勤，防止苗期生长过旺，冰冻前重施一次防冻肥水。翌春及时清除杂草，浅中耕一次，追肥浓度由小到大。茎基开始膨大后，追肥次数减少，浓度降低。采用地膜和大棚栽培的，要施足底肥，注意通风管理。

莴笋全生育期易发生霜霉病、灰霉病、软腐病、菌核病、蚜虫等病虫害。可选用精甲霜·锰锌、霜脲·锰锌防治霜霉病；可选用寡雄腐霉菌、嘧霉·异菌脲、啶酰菌胺防治灰霉病和菌核病；可选用氟啶虫胺腈、烯啶虫胺防治蚜虫。

五、清园

将植株残体拔除就地放在棚室内，使用广谱性杀虫杀菌剂进行喷雾消毒，闷棚7～10天后集中堆沤处理。

六、病虫害防治一览表

莴笋全生育期病虫害防治技术见表21，施药量以产品标签和说明书为准。

表21　莴笋全生育期病虫害防治技术

防治对象	防治时期	具体措施
霜霉病	营养生长期	推荐使用精甲霜·锰锌或霜脲·锰锌叶面喷施
灰霉病、菌核病	营养生长期	推荐使用寡雄腐霉菌或嘧霉·异菌脲、啶酰菌胺叶面喷施
蚜虫	营养生长期	推荐使用氟啶虫胺腈或烯啶虫胺叶面喷施

🌱 西 葫 芦

一、作物简介

西葫芦在瓜类蔬菜中不抗高温、耐寒。生长期最适宜温度为20～25℃，15℃以下生长缓慢，8℃以下停止生长。30℃以上生长缓慢并极易发生病害。光照强度要求适中，较能耐弱光，但光照不足时易引起徒长。西葫芦的根系吸收力较强，较耐旱，但由于水平根系多、叶片大，蒸腾作用强，地上部需水量大，所以对土壤水分的要求较严格。一般要求土壤湿度为最大持水量的85%。

二、育苗

1. 品种选择　春季设施栽培的西葫芦品种应选择株型紧凑、雌花节位低、耐寒性较强、短蔓型的早熟品种。适合设施栽培的国内品种有早青一代、银青西葫芦、西葫芦长青王、早抗30；国外引进的较好品种有阿多尼斯9805西葫芦、黑美丽、曼谷绿二号、灰采尼等。

2. 种子处理

（1）温汤浸种。播前要进行种子处理，用种子质量1.5倍的50～55℃热水，将种子放入水中不停地搅动，当水温降到30℃左右再浸泡6～8小时，浸泡后的种子用清水冲洗2～3遍，纱布包好，放在25～30℃的温度下催芽。催芽过程中，早、晚各用30℃温水淘洗一次，当70%种子出芽时即可播种，采用营养钵育苗。

（2）种子消毒。西葫芦种子消毒用10%磷酸三钠浸种20分钟，清水冲洗后播种，或用50%多菌灵可湿性粉剂500倍液浸种30分钟，用清水冲洗，晾干后播种。

3. 营养钵育苗与管理

（1）播种。应选用基质土育苗，按每亩4 000株秧苗计算，每亩需播种约120克。目前，普遍采用8厘米×8厘米营养钵育苗，将基质浸湿饱和，每个营养钵播一粒催芽后的种子，覆基质，压实，喷淋水。冬季覆薄膜保温。

（2）营养钵消毒。将营养钵放在广谱性杀虫杀菌剂溶液中浸泡1分钟左右即可。

（3）育苗期管理。出苗后白天温度保持在20～25℃，夜间保持在10～15℃。第一片真叶展开后，昼夜温度可适当提高2～3℃。播种时浇透水后，控制灌水，不表现缺水时不浇水，浇水多在晴天上午进行。育苗期间，可喷施寡雄腐霉菌，15天一次，连续2次，预防猝倒病等。

定植前一周，要控水降温进行炼苗，使秧苗能够更好地适应定植后的环境条件，当秧苗达到3～4片真叶时，开始定植。

三、定植

1. 整地　整地施肥以有机肥为主，一般每亩施腐熟有机肥2 000千克、饼肥75千克、复合肥40千克、草木灰80千克。将肥料均匀撒于地面，深翻30厘米，整平地面。采用深沟高畦、地膜覆盖栽培。一般畦宽100厘米，畦高20厘米，沟宽25～30厘米。

2. 棚室消毒　使用广谱性杀虫杀菌剂，对棚室表面及土壤进行消毒。

3. 定植　当秧苗在二叶一心或第三片叶刚展开时，苗龄在20～30天即可进行定植。小型品种按株行距40厘米×40厘米双行定植，每亩1 800株左右。大型品种按株行距50厘米×50厘米双行定植，每亩1 600株左右。定植前一天将苗床浇透水，选壮苗、好苗，尽量使根部多带土移栽，定植时应让根系正常舒展，穴浇定植水，并把定植孔用细土封盖严密，3～5天后浇一次缓苗水。定植前用寡雄腐霉菌3 000倍液和高巧800倍液蘸根，促进生长，预防病虫害。

整个生育期随水冲施寡雄腐霉菌20克/亩，15天一次，连续2～3次。

四、田间管理

1. 幼苗期　定植后浇缓苗水，促使缓苗。棚室通风口、门口设置防虫网、防虫门帘；安装滴灌等节水灌溉设施。

缓苗后浇1～2次水。白天保持棚温在20～30℃，前半夜棚温10～15℃，后半夜棚温最低3～5℃。在棚内悬挂黄板、蓝板监测蚜虫、蓟马、美洲潜叶蝇等小型害虫，5张/棚，每月更换一次。叶面喷施氨基寡糖素1 500倍液，10天一次，连喷两次预防病毒病。

2.开花结果期 开花前控制浇水，至坐瓜时浇第一次水。每亩追施腐熟饼肥60～80千克，或腐熟有机肥50千克。长到开花期，蔓生型及时吊蔓。白天温度18～25℃、夜温在12～10℃时，利于雌花分化。一个棚室内放入一箱熊蜂，在有10%的植株开花时放入，加强对熊蜂的管理，防止过度授粉。

开花结果期白天适宜温度为22～25℃，夜间温度以15℃为宜。采收期每隔10～15天浇水一次，结合灌水追肥2～3次，每次每亩施尿素10千克或磷酸二铵10～15千克。灌水后注意通风排湿。

该时期易发生白粉病、霜霉病、蚜虫等。可选用氟菌·肟菌酯、苯醚甲环唑防治白粉病；可选用精甲霜·锰锌、霜脲·锰锌防治霜霉病；可选用氟啶虫胺腈、烯啶虫胺防治蚜虫。

五、清园

将植株残体拔除就地放在棚室内，使用广谱性杀虫杀菌剂进行喷雾消毒，闷棚7～10天后集中堆沤处理。

六、病虫害防治一览表

西葫芦全生育期病虫害防治技术见表22，施药量以产品标签和说明书为准。

表22 西葫芦全生育期病虫害防治技术

防治对象	防治时期	具体措施
霜霉病	幼苗期、开花结果期	推荐使用精甲霜·锰锌或霜脲·锰锌叶面喷施
白粉病	幼苗期、开花结果期	推荐使用氟菌·肟菌酯或苯醚甲环唑叶面喷施
灰霉病	开花结果期	推荐使用嘧霉·异菌脲或啶酰菌胺叶面喷施
蚜虫	幼苗期、开花结果期	推荐使用氟啶虫胺腈或烯啶虫胺叶面喷施

🌱 樱桃小番茄

一、作物简介

樱桃小番茄是一年生草本植物，植株最高时能长到2米，别名圣女果、小西红柿。在我国一年四季均可栽培，喜温暖，生长适温24～31℃，比一般大番茄耐热。对光照反应敏感，光照不足时易徒长。较耐旱，不耐湿，以排水良好、土层深厚、肥沃的微酸性土壤种植为宜。

二、育苗

1.品种选择 选用抗病、优质、高产、商品性好、适宜保护地栽培的品种，如圣女、亚蔬6号、千禧、红洋梨、樱桃红。

2.种子处理

（1）浸种。可采用温汤浸种的方法，先将种子在清水中浸泡10～20分钟，捞出后放入50～55℃的热水中，并不断搅拌，当水温降到30℃时停止搅拌，继续浸泡4～6小时，再放入10%磷酸三钠溶液中浸泡20分钟，取出后用清水清洗2～3次。

（2）催芽。将浸泡消毒过的种子用湿纱布包好，温度保持在25～30℃的条件下催芽，期间每天用温水淘洗1～2次，并常翻动种子包，使其受热均匀，待有70%的种子露白时播种。

3.育秧盘育苗与管理

（1）播种。每亩栽培面积用种量10～15克。采用穴盘育苗的，每穴播种子一粒，播种深度1厘米。播种后，用基质或粗略的蛭石覆盖种子，然后对穴盘均匀浇水，用塑料膜覆盖后放置在育苗室内，保持较高的温度和空气湿度。采用营养钵育苗，播种时钵内要浇足水，待水渗下后，钵内覆一薄层细土，在每钵中央点播一粒种子，然后覆盖1～1.2厘米厚的细土，播种后要覆盖地膜。

（2）育苗期管理。出苗前保持较高温度，出苗后为防止徒长，应注意通风。在幼苗二叶一心期，选择健壮无病苗，于晴天傍晚进行带肥、带药、带土"三带"假植，假植后浇定根水。播种时把水浇足浇透，冬春育苗播后一般不浇水，缺水时要采取喷水的方法进行补水，保持土壤湿润。

三、定植

1. 整地 在定植前20天将棚室的土壤翻耕20厘米以上进行晒垄，结合整地每亩施优质有机肥3 000 ~ 5 000千克，并施复合肥50千克，撒于土壤表面，有机肥与土壤混合均匀，耙平整细。

2. 棚室消毒 使用广谱性杀虫杀菌剂，对棚室表面及土壤进行消毒。

3. 定植 定植前一天苗床浇水，以湿透土坨为宜。定植后盖地膜，先将栽植点挖好栽植穴，在穴内浇足底水，水渗下后，将苗放入穴内覆土。根据生育期长短、品种特性和整枝方式，每亩定植2 000 ~ 2 800株。定植前用寡雄腐霉菌3 000倍液和高巧800倍液蘸根，促进生长，预防病虫害。

四、田间管理

1. 温度及水肥 开花结果期，白天适宜温度为20 ~ 30℃，夜间适宜温度为15℃左右。花期原则上不再浇水，直到第一穗果樱桃大小时再开始浇水，随水冲施一次催果肥，每亩施尿素15千克、过磷酸钙25千克、硫酸钾10千克，以后在第二和第三穗果开始膨大时各追肥一次。一般全生育期需要纯氮17千克（尿素37千克）、纯磷5千克（过磷酸钙36千克）、纯钾33千克（硫酸钾66千克）。此外，还需随水滴灌寡雄腐霉菌20克/亩，10 ~ 15天一次，连续2 ~ 3次，防治土传病害。水量以渗透土层15 ~ 20厘米为宜。

2. 整枝打杈 花期后适时整枝和摘除多余的侧枝，有利于通风透光，防止植株徒长，减少植株营养消耗，促进开花结果。一般掌握在侧枝长到6.7厘米左右时摘除。打杈时，选择在晴天进行，利于伤口愈合，避免病菌通过伤口感染。

3. 保花保果 当遇到不利的环境条件时，樱桃小番茄极易发生落花落果现象。为保证产量，多采用以下方法。

（1）熊蜂授粉。开花率达到10%～15%时，可放置熊蜂进行授粉，蜂箱应放置在向阳位置，出蜂口应背光。

（2）振动授粉。越夏栽培，棚室室温高于30℃时，采取振动授粉是促进授粉的最好方法。

4. 疏花疏果 及时将长得过密的花和果摘除，减少养分的消耗，使剩余的果有充足的养分供应，提高产量和商品性。

一般使用寡雄腐霉菌或嘧菌酯防治晚疫病和灰霉病；使用寡雄腐霉菌灌根防治枯萎病；使用植物免疫蛋白或氨基寡糖素预防病毒病；使用氟啶虫胺腈或烯啶虫胺防治蚜虫和粉虱；使用乙基多杀菌素防治蓟马。

五、清园

将植株残体拔除就地放在棚室内，使用广谱性杀虫杀菌剂进行喷雾消毒，闷棚7～10天后集中堆沤处理。

六、病虫害防治一览表

樱桃小番茄全生育期病虫害防治技术见表23，施药量以产品标签和说明书为准。

表23 樱桃小番茄全生育期病虫害防治技术

防治对象	防治时期	具体措施
猝倒病、立枯病	幼苗期	推荐使用寡雄腐霉菌苗期喷淋
晚疫病、灰霉病	采收期	推荐使用寡雄腐霉菌或嘧菌酯叶面喷施
病毒病	幼苗期—采收期	推荐使用植物免疫蛋白或氨基寡糖素叶面喷施
粉虱	幼苗期—采收期	推荐使用氟啶虫胺腈或溴氰虫酰胺叶面喷施

第三部分 茶树全程管理技术

一、作物简介

茶树主要集中在南纬16°至北纬30°之间，喜温暖湿润气候，喜光耐阴，平均气温10℃以上时芽开始萌动，生长最适温度为20～25℃，年降水量要在1 000毫米以上。

二、茶树种苗繁育

茶树种苗的繁育可以分为有性繁育和无性繁育两种。有性繁育是通过茶籽播种育苗；无性繁育是通过茶树营养体，如枝条或茶根进行育苗。茶籽繁殖技术简单，适宜大面积栽种，在栽种前，需挑选出形态饱满、沉实，颜色深褐且有光泽，无蛀虫、无破损和无霉变的种子，将种子放在20～30℃干净的温水中浸泡7天，时时搅动，每天换水，进行保湿催芽。

三、茶园水肥管理

在夏季，天气持续高温，此时茶园中土壤水分不足，不能满足茶苗生长的最佳环境条件，这时需要及时浇水，以保证土壤中水分充足，能够使茶树更好地生长。在雨季，茶园中土地积水过多，同样不能保证茶苗最佳生长环境，这时需要及时排水。

在幼龄茶园施肥时，不可一次性施肥过多，可以选择少量多次施肥。同时要以有机肥为主，有机肥与化肥相结合的方式，将氮肥、钾肥、磷肥混合使用效果会更好。在春茶萌发前一个月施催芽肥，一般每亩用25～35千克复合肥或尿素在茶树根部周围开沟施用，同时，在3月底或4月上旬茶树刚萌发时喷施微量元素水溶肥，每隔15天喷施一次，连续喷2次。春茶采后应合理追肥，可在茶树间30厘米处挖沟，每亩施尿素10～15千克、有机肥1 000～1 500千克，并配施磷、钾肥，或饼肥20～30千克。茶树园一般翻耕、施肥的最佳时期是9月下旬或10月上旬，一般每亩施有机肥1 500千克、过磷酸钙30千克、硫酸钾20千克。

四、清园

结合深耕、修剪，做好清园工作。茶树行间的杂草及枯枝落叶均是害虫、病菌隐藏的地方，进行清园有利于减少茶园内越冬害虫的基数。清理茶树上的虫蛹、虫卵、虫囊、病叶、枯枝等；剥光枝干上的地衣苔藓，以减少茶园内越冬病虫的基数。

五、病虫害防治一览表

茶树全生育期病虫害防治技术见表24，施药量以产品标签和说明书为准。

表24　茶树全生育期病虫害防治技术

防治对象	防治时期	具体措施
炭疽病	新梢生长期	推荐使用咪鲜胺或甲基硫菌灵叶面喷施
根腐病	叶片生长期	推荐使用寡雄腐霉菌或甲基硫菌灵叶面喷施
白星病、茶饼病	叶片生长期	推荐使用代森锰锌或甲基硫菌灵叶面喷施
蚜虫、黑刺粉虱	新梢生长期、叶片生长期	推荐使用氟啶虫胺腈或烯啶虫胺叶面喷施
叶螨	新梢生长期、叶片生长期	推荐使用联苯肼酯或噻螨酮叶面喷施
茶卷叶蛾	新梢生长期、叶片生长期	推荐使用甲维盐或溴氰虫酰胺叶面喷施
介壳虫	新梢生长期、叶片生长期	推荐使用矿物油叶面喷施

第四部分　果蔬茶农药选购与使用技术

🌱 如何选择果蔬茶农药

一、优先选用生物农药

生物农药包括微生物农药、植物源农药、生物化学农药等。

生物农药具有选择性强、防治对象相对单一、不易产生抗性、对人畜比较安全、更利于农产品质量安全、环境污染小等优点。

二、合理选用高效低毒的化学农药

在病虫害发生较严重，或者单独使用生物农药不能较快体现防治效果时，可以选用高效低毒化学农药。

三、严禁使用高毒、高残留农药

果蔬茶多是鲜食农产品，禁止使用高毒、高残留或残留期长的农药。

四、科学选择植物生长调节剂

围绕果蔬茶生长特点，在专业人员的指导下，科学选择植物生长调节剂，提高产品、改善品质，实现增收。

🌱 果蔬茶农药使用技术要点

一、控制源头，提前预防

1.**清洁田园**　生产前清除田块周边植株残体、枯枝落叶及废弃农药包装物等农业废弃物，带至田外集中无害化处理。

2. **土壤、设施消毒**　使用土壤消毒剂处理土壤，防治枯萎病、疫病、立枯病等土传病害和地下害虫。选用熏蒸剂等进行棚室表面消毒，减轻灰霉病、白粉病、霜霉病等气传病害的发生。

3. **选用无病虫种苗，种苗清洁处理**　种苗移栽前，用具有相应功能的寡雄腐霉菌、哈茨木霉菌、吲哚丁酸等蘸根或喷淋处理，防病促生根。

二、准确诊断，对症下药

遇到为害症状相似、容易混淆的病虫，建议找当地植保部门或技术专家甄别后再进行防治。

1.**准确诊断病虫害**　用药前，必须准确诊断病虫种类。难以诊断的，可采集已有为害症状的果蔬茶植株或果实，请当地技术专家或农药经营者诊断。

2.选购合适对路的农药 　根据所确定的病虫害种类，选用标签上标注可防治该病虫害的农药。

三、选对药械，高效施药

选对药械可提高农药利用率，保障防治效果，降低环境污染。

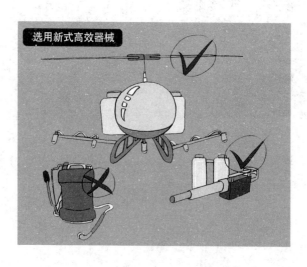

四、按标签技术要求使用农药

按照标签要求，精准配药、二次稀释。要避免用药量过大、使用次数过多。严格遵照安全间隔期用药。

五、治病趁早，杀虫趁小

大多数杀菌剂为保护性药剂，应选择在病害发生前或初期使用。多数杀虫剂应该在虫量少、虫龄小的时候使用。

六、合理轮换，减少抗性

南方人长期吃辣椒不怕辣。病虫害也一样，长期用一种药防治，会影响防效。要选择具有相同功能的不同农药交替使用，延缓抗药性产生。

七、物化结合，综合防治

合理利用各种植保措施，包括诱捕器、粘虫板、杀虫灯等，与生物、化学药剂相结合，达到综合防治的目的。

八、安全防护，保护环境

　　配药、施药做好安全防护，应按要求穿长衣长裤、戴口罩手套、穿胶靴及戴帽子等。不要在水源地、河流等水域清洗施药器械，不随意丢弃农药包装袋（瓶）等废弃物，保护好生态环境。

附录　果蔬茶病虫害图鉴

苹　果

腐烂病

苹　果

斑点落叶病

褐斑病

轮纹病

炭疽病

红蜘蛛

介壳虫

白粉病

黑豆病

灰霉病

炭疽病

红蜘蛛

葡　萄

霜霉病

蚜　虫

介壳虫

叶斑病

黑星病

炭疽病

枯萎病

蓟 马

溃疡病

炭疽病

流胶病

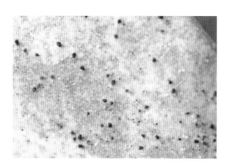

红蜘蛛

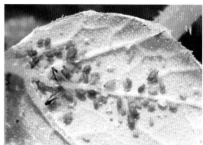

蚜 虫

桃小食心虫

介壳虫

柑 橘

溃疡病

炭疽病

蚜 虫

介壳虫

红蜘蛛

褐腐病

炭疽病

白粉病

草　莓

根腐病

蓟　马

灰霉病

蚜　虫

红蜘蛛

霜霉病

灰霉病

黄 瓜

白粉病

角斑病

蓟 马

粉 虱

蚜 虫

菠　菜

霜霉病

潜叶蝇

蚜　虫

🌿 番 茄

猝倒病

立枯病

早疫病

叶霉病

晚疫病

灰霉病

番 茄

枯萎病

病毒病

粉 虱

潜叶蝇

花椰菜

猝倒病

霜霉病

蚜 虫

小菜蛾

软腐病

灰霉病

霜霉病

地老虎

蝼　蛄

蓟　马

甘 蓝

猝倒病

霜霉病

蚜 虫

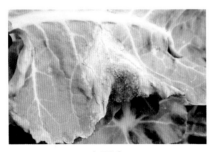

灰霉病

小菜蛾

猝倒病

灰霉病

锈 病

蚜 虫

豆荚螟

潜叶蝇

韭 菜

灰霉病

疫 病

蓟 马

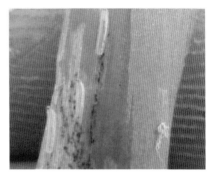

潜叶蝇

蚜 虫

蚜 虫

炭疽病

辣 椒

病毒病

猝倒病

立枯病

早疫病

炭疽病

粉 虱

蚜 虫

白粉病

茶黄螨

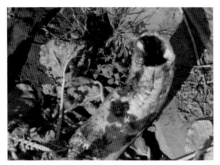
黑腐病

软腐病

跳 甲

蚜 虫

 南 瓜

白粉病

蓟 马

茄 子

猝倒病

绵疫病

菌核病

黄萎病

灰霉病

青枯病

潜叶蝇

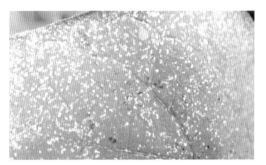

蓟 马

红蜘蛛

生 菜

灰霉病

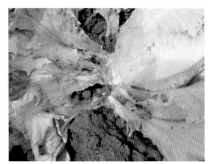

菌核病

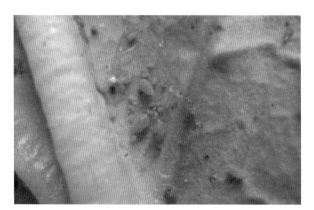

蚜 虫

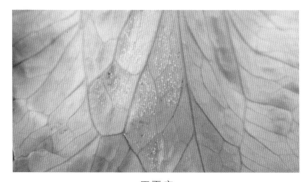

霜霉病

莴 笋

霜霉病

灰霉病

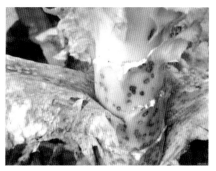

菌核病

西葫芦

霜霉病

灰霉病

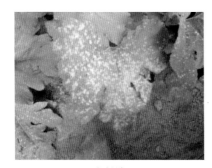

白粉病

蚜 虫

粉 虱

炭疽病

白星病

茶饼病

茶 树

黑刺粉虱

茶卷叶蛾

蚜虫

叶螨